Karl W. Palachuk

MANAGED SERVICE PROVIDER IN 1 MONAT

MANAGED SERVICE PROVIDER IN 1 MONAT

In nur 30 Tagen zum modernen, erfolgreichen IT-Unternehmen

3. Auflage

Karl W. Palachuk

www.greatlittlebook.com

Great Little Book Publishing Co., Inc.
Sacramento, CA

www.greatlittlebook.com

Great Little Book Publishing Co., Inc.
Sacramento, CA

Managed Service Provider in 1 Monat – In nur 30 Tagen zum modernen, erfolgreichen IT-Unternehmen
3. Auflage
Von Karl W. Palachuk

www.greatlittlebook.com

ISBN 978-1-942115-52-6 (paperback)
ISBN 978-1-942115-53-3 (E-Book)

Inhaltsverzeichnis

Download-Inhalt

Mit diesem Buch werden einige zusätzliche Downloads geliefert, die Sie sicher als sehr hilfreich empfinden werden. Unter anderem finden Sie hier Word- und Excel-Dateien und ein paar andere Leckerbissen.

Falls Sie dieses Buch bei SMB Books oder Great Little Book bestellt haben, sollten Sie nach abgeschlossener Bestellung einen Downloadlink erhalten haben.

Falls Sie diesen verloren oder bei Amazon oder einem anderen Anbieter bestellt haben, können Sie sich bei ManagedServicesInA-Month.com oder SMBBooks.com registrieren.

Bitte halten Sie Ihren Zahlungsbeleg bereit, wenn Sie sich registrieren. Sie werden die Bestellnummer angeben müssen. Falls Sie das Buch bei einem anderen Anbieter bestellt haben, müssen Sie die Bestellung bei uns verifizieren.

Ihr Feedback ist stets willkommen.

Vorwort zur dritten Auflage

Als erstes lassen Sie mich sagen: Wow! Niemals hätte ich mir vorstellen können, einmal in die Lage zu kommen, ein Vorwort zu einer dritten Auflage eines meiner Bücher zu schreiben.

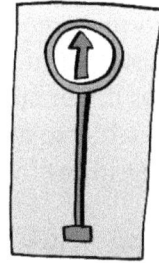

Mein Dankeschön richtet sich an all meine Freunde und Bekannten, die dafür gesorgt haben, dass *Managed Services in a Month* seit der ersten Auflage von 2008 bei Amazon.com ein wahrer Bestseller geblieben ist.

Die Originalversion dieses Buches hat sich aus einer Reihe von Blogposts über blog.smallbizthoughts.com entwickelt. Zuerst entstanden einige Artikel und Reden und mit der Zeit ein Buch. Mit der zweiten Auflage (2013) wurde das Buch erheblich erweitert, um Neulingen den Sprung in die Welt der Dienstleistungen zu erleichtern. Außerdem wurden Cloud-Dienste vorgestellt und es wurde beschrieben, wie man Kunden gewinnen kann, wenn man keine hat.

Die vorliegende dritte Version ist sogar noch umfangreicher. Sie beinhaltet sowohl eine Diskussion, ob eine Kostenerhebung per User oder per Gerät günstiger ist, als auch eine Anweisung, wie man das für Ihren Markt passende Angebotspaket entwickelt. Sie beschäftigt sich noch eingehender mit Cloud-Dienst-Angeboten und verschiedenen Zusatztechnologien wie Backups und Disaster-Recovery (BDR).

Beschränken wir uns auf das Wesentliche

Ich habe mich bemüht Bücher zu schreiben, die nicht um den heißen Brei reden.

Falls Sie alt genug sind, werden Sie sich daran erinnern, dass Computerbücher dazu neigten, um die 800 Seiten zu umfassen – die eine Menge unnützer Informationen enthielten. Das entspricht nicht meinem Stil. Von Anfang an, beginnend mit *The Network Documentation Workbook*, habe ich mich bemüht, auf unnötige Ausschweifungen zu verzichten und mich auf das zu beschränken, was Ihnen nützlich sein kann. So lasse ich zum Beispiel sowohl die Geschichte der Elektrizität als auch die Erklärung aus, warum der Zugriff auf Internetadressen im Dotted-Quad-Format erfolgt.

Great "Little" Book Publishing verpflichtet sich, Bücher herauszugeben, die reich an Inhalt und arm an Füllstoffen sind. Das vorliegende Buch erfüllt diesen Anspruch auf ideale Weise. Ich habe es mir zum Ziel erklärt, alles zu besprechen, was Ihnen hilft, Ihr Geschäft aufzubauen und erfolgreicher zu sein – ohne unnötiges Beiwerk!

Die in der dritten Auflage hinzugefügten Abschnitte gründen sich auf Fragen, die ich während der letzten Jahre von meinen Lesern erhalten habe. Obwohl ich versuche, diese Fragen auch in meinem Blog zu beantworten, findet doch nicht jeder die Zeit, sie dort nachzulesen. Auf der anderen Seite können Bücher nicht flexibel auf Veränderungen reagieren. Schon knapp ein Jahr nach der Herausgabe der ersten Auflage hatte die Rezession eingesetzt. Sobald die zweite Auflage erschienen war, beherrschte die Diskussion >per User oder per Gerät< die Blogs.

Wie bei jedem anderen Gewerbe müssen Sie sich unter Zuhilfenahme verschiedener weiterbildender Medien auf dem Laufenden halten: Bücher, Blogs, Konferenzen, Videos, Online-Kurse, etc. Falls Ihnen mein Buch gefallen hat und Sie es als hilfreich einstufen, würde ich mich über eine kurze Bewertung bei Amazon freuen. (Bewertungen von vorherigen Auflagen werden bei Sachbüchern nicht erwähnt.)

Willkommen zum "Computer-Consulting" des 21. Jahrhunderts

Vor zwanzig Jahren bezeichnete man uns als EDV-Berater. Dann kam das neue Konzept der „Managed Services" auf, der Informations-Technologie-Dienstleistungen. Dies war ein Schritt in Richtung Professionalität und höhere Profite. Es ging um die Schaffung wiederkehrender Umsätze und Weiterentwicklung der Technologien, um einen besseren Service zu gewährleisten.

Jedes Jahr steigen mehr Menschen neu ins Informations-Technologie-Gewerbe ein. Oft kennen diese Leute die Begriffe MSP (Managed-Service-Provider = Informations-Technologie-Dienstleister) oder Recurring-Revenue (wiederkehrende Umsätze) nicht. Dieses Buch möchte den Neueinsteigern in diesem Dienstleistungssektor helfen, die Grundlagen zu erlernen und ihr Gewerbe sehr viel profitabler als der durchschnittliche EDV-Berater zu betreiben.

Wenn ich nach der Definition für Managed Services gefragt werde, antworte ich wie folgt:

> Ein technischer Support, basierend auf einer Absprache, die bestimmte Tarife festlegt und dem Dienstleister ein bestimmtes Mindesteinkommen sichert. Mit anderen Worten, wenn Sie einen Dienstleistungsvertrag abgeschlossen haben und der Kunde zustimmt, Ihre Dienste für mindestens 10 Stunden pro Jahr in Anspruch zu nehmen, werden Sie quasi zu dessen ausgelagerter IT-Abteilung. Sie führen die >IT-Abteilung< des Kunden.

Nächste Frage: Was ist Managed Services NICHT? Worin besteht Ihre Alternative, falls Sie keinen Managed Service bieten wollen? Ein Ausdruck, der in diesem Zusammenhang oft benutzt wird, lautet >Break/Fix< technischer Support. Das heißt, Sie warten grundsätzlich, bis etwas nicht mehr funktioniert und reparieren es anschließend. Dies ist das Gegenteil von vorbeugender Wartung. Managed Services bedeutet, dass Sie die Verantwortung für das Netzwerk des Kunden übernehmen und dafür sorgen, dass Probleme gar nicht erst entstehen.

Vielleicht haben Sie auch Bezeichnungen gehört wie >on demand< technischer Support. Einige Kunden wollen ihre Computersysteme einfach nicht pflegen, weil das Kosten verursacht. Also selbst wenn etwas beschädigt ist, zögert der Kunde, die Kosten für eine Reparatur zu tragen. Wenn er sich dann endlich dazu entschließt (aus welchen Gründen auch immer), kommt ein On-Demand-Support zustande, das heißt ein technischer Support auf Nachfrage, anstatt Break/Fix.

Wir werden diese Diskussion in Teil II (Kapitel 4-7) aufgreifen. Doch fürs Erste lassen Sie uns festhalten, dass Managed Services präventive Wartung, wiederkehrende Umsätze und Vorhersehbarkeit bedeuten. Wie Sie noch feststellen werden, habe ich sehr klare Vorstellungen davon, wie Sie mit Kunden verfahren sollten, die dieses Modell nicht annehmen wollen.

Ich werde über die Hilfsmittel reden, die Sie brauchen, um Ihr Gewerbe zu betreiben und dabei ein höheres Niveau an Dienstleistung zu bieten. Ich denke, auf diese Hilfsmittel werden Sie nicht verzichten können, ob Sie sich nun >MSP< (Managed Services Provider) oder EDV-Berater nennen. Ihre Werkzeuge sind ebenso sehr Teil eines erfolgreich betriebenen Geschäftes wie ein Geschäftsmodell, das dafür sorgt, dass Sie profitabel arbeiten.

Bitte tun Sie sich einen Gefallen! Nehmen Sie diesen Punkt sehr ernst. Sie werden sich vielleicht, wenn Sie das Buch gelesen haben, entscheiden, kein Managed Service Provider (MSP) zu werden, doch ich nehme an, dass Sie es zumindest versuchen möchten. Und ich bin der festen Überzeugung, dass der Prozess, durch den ich Sie führen werde, Ihrem Geschäft dienlich sein wird, ob Sie nun ein MSP werden oder nicht.

Wählen Sie Ihren Weg

Obwohl dies nur ein kleines Büchlein ist, wendet es sich an drei verschiedene Zielgruppen, die sich auf drei verschiedenen Gleisen bewegen. Erstens, dieses Buch wird Menschen helfen, die gerade in die EDV-Beratung und das Technologiegeschäft eingestiegen sind. Zweitens, es wird etablierten Firmeninhabern eine Hilfe sein, zu einem Managed Service-Modell zu wechseln.

Und drittens, wird dieses Buch jedem helfen – ob Neueinsteiger oder bereits etabliert – ein Cloud-Service-Angebot zu entwickeln, das sich speziell an kleinere Unternehmen wendet. Ich werde nicht versuchen, jeden vorhandenen Cloud-Service anzusprechen oder Ihnen zu helfen, ein Rechenzentrum aufzubauen. Aber ich werde grundlegend beschreiben, wie man einen Cloud-Service aufbaut und bereitstellt.

Seit 2008 verkaufen wir ein Paket an Cloud-Diensten, genannt >Cloud Five Pack<. Ich werde Ihnen erklären, worum es sich handelt, wie Sie selbst etwas Ähnliches entwickeln können und warum Sie so etwas verkaufen *sollten*, um vorwärts zu kommen.

Viele Leute fragen mich, ob Sie nicht einfach den Cloud-Five-Pack-Dienst von mir kaufen und an Ihre Kunden weiterverkaufen können. Nein, ich sehe keinen Weg für eine solche Vorgehensweise und Sie werden noch sehen warum. Es ist ganz einfach: Wenn Sie mich zwischen Ihre Kunden und sich selbst schalten, verdienen Sie weniger und verkomplizieren Ihr Geschäft.

Machen Sie einfach einen Haufen Geld und lassen Sie mich außen vor!

Anmerkung zu KPEnterprises

Seit sechzehn Jahren gehörte mir KPEnterprises Business Consulting, ein Unternehmen, das ich selbst führte. Während der letzten Dekade boten mir meine Erfahrungen mit meinem Geschäftsmodell die Grundlagen für meine Bücher. Doch Menschen und Geschäfte entwickeln sich weiter.

2011 wurde KPEnterprise aufgelöst und rangiert jetzt lediglich als Markenname unter Great Little Book Publishing Co., Inc. Ich verbringe meine Zeit jetzt mit Schreiben, Beratung und dem Training von technischen Beratern. KPEnterprises wurde zu Americas Tech Support (ATS), bei denen ich noch ein paar Jahre gearbeitet habe.

Ich arbeitete als leitender Systemtechniker für ATS und war verantwortlich für strategische Planung, einen Teil des Verkaufs, Projektmanagement und Netzwerkmigration.

Ab 2014 habe ich dann wieder meine selbständige Beratertätigkeit aufgenommen, unter dem Firmennamen Small Bizz Thoughts. Bis Ende 2016 war das Geschäft so groß geworden, dass es zu viel meiner Zeit in Anspruch nahm. Daher verkaufte ich auch dieses Unternehmen. Jetzt bin ich Coach und liefere dem neuen Inhaber den Backup-Support.

Diese Mischung ist für mich perfekt. Ich kann mit neuen Technologien spielen. Ich komme in Kontakt mit Kunden. Und ich behalte meine Finger in der praktischen Seite des Geschäfts.

Also, wenn ich mich in diesem Buch auf KPEnterprises oder Small Bizz Thoughts beziehe, rede ich entweder von einem Unternehmen, das mir sechzehn Jahre lang gehört hat, oder von ATS, oder meiner derzeitigen Arbeit. All diese Unternehmen operieren nach den Prinzipien und Richtlinien, die ich in diesem Buch darstelle.

Danksagung

Wie immer möchte ich mir etwas Zeit nehmen, um den Menschen zu danken, die dieses Buch ermöglicht haben. Seit sieben Jahren kümmert sich nun Sally Galli um die Umschlaggestaltung. Sie leistet stets hervorragende Arbeit. Yvonne Betacourt ist verantwortlich für das Layout des Textes und bereitet das Buch auf die Veröffentlichung in Kindle, IOS, etc. vor. Meine Korrekturleser waren Laura Napolitano und Joshua Liberman. Und falls Sie noch Fehler entdecken, gehen diese mit Sicherheit auf mein Konto!

Feedback erwünscht!

Ich hoffe, Sie werden dieses kleine Büchlein nützlich finden. Ich würde mich über ein Feedback freuen. Schicken Sie mir doch eine

E-Mail: **karlp@smallbizthoughts.com**. Und lassen Sie mich wissen, was aus Ihrer Geschäftsidee geworden ist!

Und bitte nehmen Sie sich eine Minute Zeit und kontaktieren Sie mich über Twitter, Facebook, Google+ und LinkedIn. Suchen Sie einfach nach >KarlPalachuk< oder Karl Palachuk bei einem diese Anbieter.

Außerdem können Sie sich bei YouTube meine SOP (Standard Operating Procedure) -Videos ansehen. Wenn dieses Buch erscheint, sollte ich ungefähr 300 Videos eingestellt haben: www.youtube.com/ smallbizthoughts.

I.   Computer-Consulting im 21. Jahrhundert

1.   Was hat sich heutzutage am IT-Consulting verändert?

Ohne weitschweifig in eine >Als ich noch ein Kind war, haben wir uns unsere eigenen Computer gebaut< -Beschreibung zu verfallen, möchte ich kurz skizzieren, welchen Veränderungen ein technischer Consultant auf dem SMB-Markt (small and medium business market) im Laufe der Jahre unterworfen war. Es geht hier darum, die Entwicklung unseres Berufs aufzuzeigen oder besser die Entwicklung hin zu Professionalität.

Vor 1995, vor Erscheinen von Windows 95, waren EDV-Berater praktisch Autodidakten und eigneten sich ihr Wissen selbst an. Einige wenige kamen aus Weiterbildungsprogrammen großer Unternehmen. Manche besuchten Kurse, in denen sie ein Zertifikat erwarben und gingen dann in die Beratung.

Die meisten EDV-Berater jedoch begannen ihre Laufbahn, indem sie selbst Computer zusammenstellten und den Leuten halfen, ihre Software zu installieren. Von dort aus bewegten sie sich Schritt für Schritt darauf zu, herauszufinden, wie man Netzwerke anlegte. Die meisten Netzwerke zu jener Zeit kamen von Novell und waren noch nicht mit dem Internet verbunden. Einige Berater beschränkten sich auf SBS (Siemens Business Service) -Produkte und Windows-Systeme.

1994 wurde das Internet ohne Einschränkungen dem kommerziellen Gebrauch geöffnet. Vorher mussten wir buchstäblich darum bitten, eine .com-Adresse registrieren zu dürfen und mussten rechtfertigen, warum wir Zugang zum Internet haben wollten. Zwischen 1992 und 1994 bauten Netscape und andere Firmen Browser auf, die ein neues Protokoll nutzten, genannt Hypertextübertragungsprotokoll (hypertext transfer protocol) – http.

Der Grund dafür, dass ich Windows 95 aufgegeben hatte, bestand darin, dass es ursprünglich ohne einen Webbrowser arbeitete. Doch schon kurz darauf war die Entwicklung des Browsers beendet und in alle der ersten nachfolgenden Versionen integriert. Dies ist ein klarer Hinweis darauf, dass die Verbindung zum Internet als wichtig eingeschätzt wurde.

Mit der Einführung von NT 3.5, das mit NT 4.0 auf Touren gebracht wurde, eroberte sich Microsoft ziemlich schnell Herz und Verstand der Netzwerkberater und trat in Konkurrenz zu Novell. Beachten Sie, dass ich nicht EDV-Berater gesagt habe.

Es gab Leute, die immer noch an kleinen Netzwerken arbeiteten und anderen halfen, sich ans Internet anzuschließen. Doch es gab auch andere, die jene Microsoftserver mit großen Netzwerken verbanden und ans Internet anschlossen. An diesem Punkt können wir die entscheidende Aufteilung in *SMB (small and medium business) -Berater* und *Großunternehmensberater* feststellen. Außerdem gab es eine Welle an Zertifizierungen – meist aus dem Großunternehmensbereich.

In den späten 1990ern und den ersten Jahren des neuen Jahrhunderts erlebten die SMB-Berater einen Boom. Grundsätzlich wollte jeder, der noch nicht mit dem Internet verbunden war, einen Zugang erhalten. Manche wussten noch nicht einmal, worum es sich beim Internet handelte, wollten aber auf jeden Fall angeschlossen sein.

Während dieses Zeitraums – als die Technologie wuchs und wuchs – schien es so, als ob jeder Geld hätte, jeder die neueste Technologie haben wollte und es keine Rolle spielte, wie fähig man tatsächlich war. Jeder nannte sich selbst einen Berater und verdiente gutes Geld damit, kleinen Firmen zu helfen, sich ans Internet anzuschließen.

Im Bereich der kleinen und mittelständischen Betriebe waren die Kernprodukte Server (Novell und Microsoft, mit zunehmender Tendenz zu Microsoft), Desktop-PCs und Office-Produkte. Es gab unendliche Möglichkeiten, sowohl Hardware als auch Software zu verkaufen. Kannte man sich mit der Hardware nicht gut aus, konnte man nicht mit der Konkurrenz Schritt halten. Doch mit ein wenig Begabung konnte man sich genügend Fähigkeiten aneignen, um mithalten zu können.

Und dann platzte die Blase.

2001 platzte die Technologieblase und damit begann auch die Aktienbörse zu schwanken. Tatsächlich gab es einen doppelten Zusammenbruch. 2001 fiel der Dow von einem Hoch von 11,301 auf ein Tief von 8,235. Dann, 2002, stieg er bis auf 10,607, um danach wieder auf 7,528 abzufallen.

All die Firmen, die auf Träume und Risikoinvestitionen gebaut hatten, brachen zusammen. Vielen Menschen ging das Geld aus. Es wurde schwieriger, Server und Netzwerke zu verkaufen. Diese Umstände hatten zweierlei Tatsachen zur Folge: Erstens, die meisten sogenannten Berater, die wirklich nichts in diesem Bereich verloren hatten, sprangen ab und wandten sich anderen Dingen zu. Dazu gehörten all jene, die die Technologie niemals ganz begriffen hatten und niemals daran gearbeitet hatten, sich in ihrem Beruf zu verbessern, sondern lediglich auf der Profitwelle mitgeschwommen waren, solange sie gedauert hatte.

Zweitens, den Leuten, die ein wenig professioneller auftraten, eine bestimmte Verkaufsstrategie befolgten und zeigten, dass sie sich in der Materie auskannten, standen mehr Möglichkeiten offen. Es wurde schwerer, sich als >Trunk Slammer< durchzuschlängeln, aber leichter, sich als professioneller Berater auf der Ebene der kleinen und mittelständischen Betriebe zu engagieren.

2003 schließlich gab es viele SMB-Berater (uns selbst nennen wir nicht so), deren ganze Sympathie der Windows SBS (Small Business Server) -Familie galt. Das können wir bei Harry Brelsford nachlesen, der zu jener Zeit als Einziger über dieses Produkt geschrieben hat.

Um das SBS-Produkt herum bildeten sich >Benutzergruppen<, aus denen die meisten der heutigen IT Pro Groups entstanden sind. All diesen Gruppen gefiel das SBS-Team bei Microsoft, sie liebten Harry und ganz besonders fanden sie Gefallen daran, dass Harry eine Konferenz einrichtete, auf der sie einander treffen konnten – SMB Nation (siehe www.smbnation.com).

Das Produkt SBS 2003 ist in meinen Augen das zweitbeste Produkt, das Microsoft je auf den Markt gebracht hat (Nummer eins wäre dann Office Suite). Kein Produkt hat jemals das Wachstum und die Professionalität der SMB-Berater mehr gefördert als dieses. Es war durch Stabilität geprägt, von Grund auf solide und jede einzelne Komponente funktionierte und arbeitete perfekt mit den anderen zusammen. Mit diesem Produkt wurde das Vernetzen moderner Büros zu einem Kinderspiel.

In den folgenden fünf Jahren weitete sich unser Berufsbild immer weiter aus und wir wurden immer professioneller. In der ganzen Welt bildeten sich Gemeinschaften von Benutzergruppen. Jedes Jahr hielt Harry seine Konferenz ab. Andere Konferenzen entstanden. Der Rest des Landes mag länger gebraucht haben, um sich nach dem Crash von 2002 Speck zuzulegen und erfolgreich zu sein, doch den SMB-IT-Beratern ging es ausgezeichnet.

Wie Sie sich vielleicht erinnern, bildete sich in den Jahren 2003 bis 2008 eine weitere >Finanzblase< – diesmal eine Spekulationsblase auf dem Immobiliensektor, auf dem die Preise irrational stiegen. Die Menschen begannen, ihre Häuser rezufinanzieren, um einen Teil des Eigenkapitals zurückzubekommen, das sie investiert hatten. Sie nahmen immer risikoreichere Darlehen auf. All diese Faktoren sorgten dafür, dass eine Menge Geld in die Wirtschaft gepumpt wurde.

SBS 2008 war ein gutes Produkt. Es tat seinen Zweck. Außer ein paar Änderungen in der Ausführung und der neuesten Version der enthaltenen Software, war dieses Upgrade weder ersehnt noch nötig. Und es hätte sich keinen ungünstigeren Zeitpunkt für sein Erscheinen auf dem Markt aussuchen können.

Während dieser Periode bildete sich das Dienstleistungsmodell heraus, das wir >Managed Services< nennen. An vielen Fronten hatten überall auf der Welt Unternehmen unabhängig daran gearbeitet, ein Flat-Rate- oder ein Fixed-Fee-Servicemodell zu entwickeln. Für einige bedeutete das ein Preismodell nach der Parole >so viel du essen kannst!<.

Für andere bedeutete das im Voraus bezahlte Blocks, die automatisch erneuert wurden. Für IT-Berater bedeutete Managed Service garantiert wiederkehrende Umsätze (Recurring Revenue). Für unsere Kunden hieß es voraussehbare Kosten.

Das entsprechende Handwerkszeug tauchte zur selben Zeit auf. ConnectWise, Autotask und andere PSA (professional services automation tools) -Tools brachten dem Berater kleinerer Unternehmen Ticketsysteme und Helpdesks. Kaseya, Hounddog (jetzt Logicnow von SolarWinds MSP), Zenith Infotech (jetzt Continuum) und andere >Remote Monitoring and Managing< (RMM)-Tools erschienen auf dem Markt. Sie erlaubten einem kleinen IT-Shop tausende von Desktops anstatt hunderter zu betreuen.

Die Grundbausteine des Managed Service-Modells waren:

- Ein RMM-Agent auf jedem Server und jedem Desktop*
- Ein PSA-System, um Zeit und anfallende Kosten zu berechnen
- Ein Supportservice, der all dies zu einer regulären monatlichen Gebühr bündelt

*Mit Desktops meine ich alle Workstations einschließlich Laptops. Weil ich mit Mainframes und Minis begonnen habe, finde ich es schwierig, mit Workstation etwas anderes zu bezeichnen als einen Terminal oder einen Thin-Client.

Einige Firmen (wie meine) rechneten pro Gerät ab. Das heißt, so und so viel pro Server pro Monat und so und so viel pro Workstation pro Monat. Andere kalkulierten ihre geschätzten Kosten und vereinbarten einen festen Preis. Aber alle hatten RMM, PSA und ein monatlich wiederkehrendes Einkommen (Recurring revenue).

Inzwischen war die Immobilienblase an dem Punkt angelangt, an dem sie unhaltbar wurde. Und so brach dann auch im Oktober 2008 der Immobilienmarkt zusammen und die Börse mit ihm. Und diesmal versiegte der Geldstrom tatsächlich. Nicht nur ein *paar* Leute hatten kein Geld mehr.

Beinahe *niemand* hatte mehr Geld. Und jene, die noch über Geld verfügten, wollten es nicht ausgeben, bevor die Lage nicht etwas stabiler wurde. Die Banken gaben keine Kredite mehr, da sie so hart von ihren eigenen dummen Praktiken getroffen worden waren. Sie mussten ihre Geschäftspraktiken umgestalten.

Es wurden zwar neue Server installiert, doch in weitaus geringerem Maße. Server, die hätten ausgewechselt werden müssen, wurden stattdessen geflickt und aufgepäppelt. Berater, die immer noch das Break/Fix-Modell bedienten, taten einen furchtbar schlecht bezahlten Job.

Währenddessen machten die Managed Service Provider (MSPs) eine sehr unterschiedliche Erfahrung. Die meisten arbeiteten nach dem Per-Gerät-Modell, d.h. ihre Verträge blieben in Kraft und ihre monatlichen Einnahmen erfolgten weiterhin. Da viele ihrer Kunden Angestellte entlassen mussten, hatten viele MSPs allerdings einen Rückgang in der Anzahl der Desktops zu verzeichnen, die sie den Kunden jeden Monat in Rechnung stellen konnten.

Viele – VIELE – kleine IT-Unternehmen stiegen in den Jahren 2008 bis 2013 aus dem Geschäft aus. Viele fusionierten mit größeren IT-Unternehmen, oder wurden von diesen aufgekauft. Aus meinen Gesprächen mit tausenden von IT-Beratern aus aller Welt kann ich behaupten, dass die meisten von denen, die aus dem Geschäft aussteigen mussten, keine Managed Service Provider waren.

Die MSPs hatten zwar reduzierte Einkünfte zu verzeichnen und viele von uns mussten lernen, zum ersten Mal überhaupt, Angestellte zu entlassen, doch unser Einkommen brach weder zusammen, noch versiegte es vollständig. Es verringerte sich lediglich in dem Maße, in dem die Kunden Kürzungen vornehmen mussten.

Wie jeder andere auch, verzeichneten wir weniger große Projekte, weniger Serververkäufe und weniger Netzwerkmigration. Doch es gab eine gewisse untere Grenze, unter die unsere Einkünfte nicht sinken konnten. Unser monatlich wiederkehrender Umsatz hielt uns also während der Rezession am Leben.

Es scheint so, als ob wir die letzte Rezession endlich hinter uns haben, doch ist das Wachstum weltweit immer noch recht träge. Und mit einem neuen Präsidenten in den Vereinigten Staaten bestehen viele Unsicherheiten.

Wen kümmert es?

Also, warum die Ausführungen über die Wirtschaft? Weil dies die zweitmeist an mich gerichtete Frage beantwortet: **Ist es zu spät, in den Managed Service einzusteigen?**

Nein. Es ist nicht zu spät. Tatsächlich ist >Managed Service< zu der Methode geworden, nach der alle IT-Berater in Zukunft arbeiten werden. Selbst Leute, die nach dem Break/Fix-Modell arbeiten, benutzen RMM-Tools. Viele von ihnen nutzen außerdem ein PSA. Was die Break/Fix-Leute hauptsächlich *nicht* tun ist, sich ein garantiertes monatlich wiederkehrendes Einkommen zu schaffen!

(Übrigens, die Frage, die ich am meisten zu hören bekomme, lautet: >Sind Sie sicher, dass Sie dieses Hemd mit dieser Hose tragen wollen?<)

Nutzen Sie die Cloud: Interessanterweise gibt es eine Technologie, die den IT-Beratern erlaubt hat, während der Rezession gute Geschäfte (bis zu einem gewissen Grad) zu machen. Nachdem jahrelang davon geredet worden war, wurde die >Cloud< zur Realität für kleinere Unternehmen.

Genau wie damals, als das Internet für die kleinen Unternehmen neu war, ist es jetzt die >Cloud<. Es ist ein Muss, diese Technologie zu haben! Ihr Geschäftskonzept muss unbedingt konform mit den neuesten Schlagwörtern gehen. ☺

Wir haben ein *Cloud + Managed Service* Angebot entwickelt, das sich äußerst gut verkaufen lässt. Wie schon beim Desktop-Support werden wir auch diesmal nicht ein Büro mit der Cloud verbinden, ein Cloud-Backup einrichten und dann die Sache sich selbst überlassen. Wir verkaufen Recurring- Revenue-Verträge, die uns einen monatlich wiederkehrenden Umsatz garantieren.

Die Kunden zahlen eine Flat-Gebühr, daher wissen sie genau, was sie erwartet. *Sie* erhalten eine Flat-Gebühr, pünktlich gezahlt, und wissen genau, was Sie zu erwarten haben. Sie können finanziell planen, der Kunde kann finanziell planen.

Mit der Cloud änderte sich unsere Mentalität etwas. Wir verkaufen unseren Kunden immer öfter >Technologie<, ohne uns um die Besonderheiten *dieses* Servers oder *jenes* Speichersystems Gedanken zu machen. Sie bezahlen eine Pauschalgebühr für alles, was sie brauchen. Und wir liefern die Technologie, die sie benötigen.

Dieses Modell garantiert Wachstum, sogar Wachstum von innen heraus. Heute liefern Sie File Storage, E-Mail und Spamfilter als Dienstleistung. Morgen können Sie bereits vielleicht die Firewall und die Switches liefern und installieren. Dies bedeutet für die Kunden lediglich eine weitere Servicegebühr. Und für Sie erhöhte wiederkehrende Umsätze.

Was hat sich also verändert?

Der Titel dieses Abschnitts lautet >Was hat sich heutzutage im IT-Consulting verändert?<. Also lassen Sie uns zusammenfassen:

1) Das IT Consulting-Geschäft weist heute mehr Professionalität auf, als jemals zuvor. Da jeden Tag mehr professionelle Vereinigungen und Trainingsprogramme entstehen, wie ASCII und CompTIA, gehört fast jeder, der noch im Geschäft ist, zu dieser oder jener Gruppe. (Siehe *www.ascii.com* und *www.comptia.org.*)

2) Im gleichen Atemzug sind viele weniger professionelle >Techniker< aus dem System gespült worden. Sie haben irgendwo anders Jobs angenommen oder sind in einen anderen Bereich gewechselt. Vielleicht litten sie auch unter einem Burn-out. Jedenfalls stellen sie für Sie keine so große Konkurrenz mehr dar.

3) Es gibt mehr >Treffen< und Gruppen und mehr Kommunikation zwischen den Consultants als jemals zuvor. Foren wie Spiceworks and Experts Exchange florieren. Wir kommunizieren über Facebook und Twitter. Und wir treffen uns auf dutzenden von Veranstaltungen, die jedes Jahr abgehalten werden. Wir sind eine Gemeinschaft.

4) Die Tools des Managed Service sind überall. Dies schließt auch PSA- und RMM-Tools ein. Zudem alle Plug-ins, sodass Sie auch viele andere Soft- und Hardware-Komponenten im Rahmen dieser Tools anwenden können.

5) >Managed Service-Pricing< ist jetzt unter den Lieferanten recht üblich. Grundsätzlich liegt dem die Erkenntnis zugrunde, dass Sie (der MSP) eine Menge einzelner Produkte verkaufen, jedoch nicht notwendigerweise in großen Chargen. Sie verfügen vielleicht über 1000 Lizenzen für ein Produkt, verkaufen aber an Kunden mit 7 Geräten hier und 22 Geräten dort, etc. Sie bekommen Mengenrabatt, bezahlen jedoch nur die tatsächliche Anzahl der im Moment aktiven Lizenzen. Sie müssen nicht länger Software in Verbraucherpaketen von 10-20 Stück kaufen und verkaufen, was für den Kunden eine Verschwendung und viel teurer ist.

6) Die Optionen für Cloud-Computing erweitern sich ständig. Hardware und BYOD (bring your own device) -Technologien ergänzen die Cloud und kreieren mehr Produkte und mehr Möglichkeiten für Sie. Alle modernen Microsoft Server sind so entworfen, dass sie die Vorteile aller Cloud-Technologien nutzen können. Und natürlich gilt das auch für deren Konkurrenten.

7) Es tauchen immer mehr neue Technologien auf. In Ergänzung all der mobilen Geräte, die den Markt überschwemmen, gibt es die *Mobile-Device-Management*-Tools, um mit diesen Geräten arbeiten zu können. Unser Wirtschaftsbereich hat sich zwar immer schnell entwickelt, doch die Geschwindigkeit hat sich deutlich erhöht.

8) Der Markt expandiert. Wo es Wachstum gibt, beginnen für gewöhnlich neue Leute ein Geschäft aufzubauen. Nun, wir erleben etwas anderes. Der Markt expandiert zu immer kleiner werdenden Unternehmen. Mit der Kombination von neuen Server-Optionen und Cloud-Komponenten stehen Ihnen mehr Unternehmen als Kunden zur Verfügung als jemals zuvor.

Die Antwort lautet also:

Jetzt ist der richtige Zeitpunkt, um in Managed Services einzusteigen!

Und jetzt lassen Sie uns einen Blick auf die neuen Technologien werfen!

Das sollten Sie sich merken:

1. Die Grundbausteine des Managed Service-Modells sind:

- Ein RMM-Agent auf jedem Server und jedem Desktop
- Ein PSA-System, um Zeit und Kosten festzuhalten
- Ein Support Service, der all dies in einem Paket anbietet, zu einer festen, monatlichen Gebühr

2. Es ist NICHT zu spät, in Managed Services einzusteigen. Im Gegenteil, ab jetzt wird technischer Support stets auf diese Weise erfolgen.

3. Cloud-Computing verträgt sich ausgezeichnet mit Managed Service!

Damit sollten Sie sich zusätzlich beschäftigen:
- Die ASCII Gruppe – www.ascii.com
- CompTIA – www.comptia.org
- Experts Exchange – www.experts-exchange.com
- SPC International (vormals Managed Service Provider University) – www.spc-intl.com
- Small Biz Thoughts – www.smallbizthoughts.com und blog.smallbizthoughts.com
- SMB Nation – www.smbnation.com
- Spiceworks – www.spiceworks.com

2.   Die neuesten Server und Optionen (circa 2017)

Zu Beginn des Jahres 2017 hat Microsoft eine grundlegende Auffrischung einiger Produkte vorgenommen und fertiggestellt. Die neueste Serverlinie ist der Server 2016, offiziell im September 2016 auf den Markt gebracht. Das neueste Betriebssystem ist Windows 10. Und die gegenwärtige Office-Version lautet Office 2016/Office 365.

Es gibt viele Neuerungen.

Für Sie ist das gut, denn Sie wissen, wenn Sie jetzt in das Erlernen der neuesten Technologie investieren, wird die Zeit kommen, in der Ihre Fähigkeiten Ihnen nutzen werden. Und um ehrlich zu sein: Ein paar Consultants werden den neuen Stoff niemals erlernen. Ich kenne den Grund dafür zwar nicht, doch ich spreche aus Erfahrung.

Im Folgenden finden Sie eine Auflistung der wichtigsten Server. Ich konzentriere mich deshalb auf die Server, weil dessen Wahl eine zentrale Rolle für das Design des jeweiligen Netzwerkes, die Speicheroptionen und die Integration von Cloud-Diensten spielt. Beachten Sie, dass >kein Server< auch eine Server-Option darstellt!

Die Zeiten des Small-Business-Servers sind vorbei

Hier nur eine kurze Anmerkung bezüglich des Verschwindens der SBS (Small-Business-Server). Die letzte Version stammte aus dem Jahr 2011 und Lizenzen konnten noch bis Ende 2013 verkauft werden. Doch jetzt gibt es das alles nicht mehr. Falls Sie ein Consultant sind, der sich nach den guten, alten Tagen zurücksehnt, müssen Sie das schnellstens überwinden.

In einer Minute werden Sie wissen, warum ich denke, dass der Server 2016 Essentials die richtige Wahl ist, um vorwärts zu kommen.

Server 2016 Standard

Der zuletzt erschienene Server lautet schlicht Server 2016. Falls Sie einen Server mit vollem Funktionsumfang und minimaler Virtualität benötigen, dann sollten Sie diesen wählen. Er bewältigt alles, von moderaten bis zu schweren Aufgaben.

Server 2016 Standard stellt so ziemlich jeden Umfang an RAM zur Verfügung, den Sie benötigen. Er kann jeden Typus und jede Größe von Speicherplatten oder Arrays bewältigen. Er bedient die ganze

Palette von Anwendungen für Unternehmer ebenso wie spezielle Programme wie SQL oder Exchange.

Mit anderen Worten: Dieser Server ist Ihr Arbeitspferd. Er kann sich an all Ihre Bedürfnisse anpassen – ob groß oder klein.

Falls Sie mit Cloud-Diensten arbeiten, bietet sich eher einer der leichteren Server an, die im Folgenden vorgestellt werden. Doch der Server 2016 Standard funktioniert ebenfalls hervorragend mit Cloud-Diensten, falls Sie eine handfeste Onsite-Option benötigen.

Server 2016 Essentials

Wenn Ihnen der SBS gefiel, Sie weniger als 25 Nutzer haben, und eine Einzelserver-Option benötigen, dann mag der Server 2016 Essentials die perfekte Lösung für Sie sein. Oder lassen Sie es uns so sehen: Wenn Sie eine gehostete E-Mail-Option haben und onsite nur Logon-Authentication und File-Storage benötigen, dann ist dieser Server das perfekte Produkt für Sie.

Server 2016 Essentials ist eigentlich lediglich eine Neuauflage des SBS Essentials. Er ist auf 25 Nutzer beschränkt, doch Microsoft vergibt Lizenzoptionen, die darüber hinausgehen. Allerdings beinhaltet er keinen Exchange-Server, daher brauchen Sie einen anderen Server für Exchange oder Sie verlegen das E-Mail-Programm in die Cloud.

Essentials verfügt über eine Remote-Access-Komponente und einige andere Feinheiten, die er aus der SBS-Familie mitgebracht hat. Doch diese Version ist wirklich nur als >lite< Onsite-Server gedacht. Sein RAM ist begrenzt und kann wirklich nur für weniger als 25 Nutzer eingesetzt werden.

Da Sharepoint, Exchange oder SQL nicht von Essentials bereitgestellt werden, ist es recht leicht, von und zu diesem Server zu migrieren. Und die Hardwareansprüche sind auch ziemlich gering. Falls Sie ein gutes Backup onsite oder in der Cloud eingerichtet haben, können Sie Essentials getrost über eine ziemlich LOW-End Server-Hardware laufen lassen.

Ein besonders netter Charakterzug an diesem Server besteht darin, dass er keine Kundenzugangslizenzen (CALs – client access licenses) verlangt oder bereitstellt. Falls Sie mehr als 25 Nutzer haben, müssen Sie auf Server 2016 Standard wechseln – und dafür hat Microsoft sogar einen Migrationspfad bereitgestellt.

Merke: Server Essentials kann nicht Exchange oder SQL hosten. Er ist als Low-End-Server gedacht. Ich denke, Microsoft hat seine Lektion gelernt, als es SBS 2003 überladen hatte.

Ich setze jetzt Server Essentials als den Server meiner Wahl für unser Cloud-Five-Pack-Angebot ein.

Server 2016 MultiPoint Premium

Dies ist ein speziell für ein akademisches Umfeld entworfener Server, obwohl ihn einige Consultants auch in anderen Bereichen eingesetzt haben. Seit 2016 ist er nicht mehr als separater Server erhältlich, sondern als eine Serverrolle unter dem Server 2016 Standard. Er erfordert sowohl Standard-Access CALs als auch RDS (remote desktop services) CALs.

Cloud-Hosting

Heutzutage findet sich eine verblüffende Vielfalt an Optionen für gehostete Speicher, gehostete Backups, gehostete Exchange-Dienste, gehostete SharePoints, gehosteten SQL, gehostete Spamfilter, gehostete Disaster-Recovery, etc.

Viele dieser Dienste fügen sich perfekt in ein Managed Service-Angebot ein. Noch einmal: Das bedeutet, Sie kaufen im Großen ein und verkaufen in kleineren Mengen. Sie kaufen also zum Beispiel ein Terabyte Speicherplatz und verkaufen es stückweise in Größen bis zu 100 GB, das heißt, Sie können viele Teilmengen verkaufen, ohne befürchten zu müssen, Ihr Limit zu überschreiten.

Entsprechend können Sie gehostete Spamfilter oder Remote-Monitoring zu Großhändlerpreisen einkaufen und sie dann in Paketen zu 1, 5, 10 oder was auch immer Ihrem Geschäftsmodell entspricht, verkaufen. Je mehr Sie umsetzen, desto höher wird Ihre Gewinnspanne pro installierter Einheit.

Später werde ich noch näher auf die gehosteten Optionen eingehen, die Sie verkaufen können. Bitte machen Sie sich schlau und finden Sie heraus, mit welchen Diensten Sie ihr Geld machen können!

Billige Hardware

Ein weiterer Trend, der sich in den letzten Jahren herausgebildet hat, ist >billige< Hardware. Dies umfasst verschiedene Arten von Tablets, Lower-end Desktop-Computer, Lower-end Laptops, etc.

Der Preis von Windows 10 ist so gestaltet, dass er die Kosten für ein neues Gerät nicht so sehr in die Höhe treibt wie frühere Windows-Versionen. Er passt sich angenehm an die Bedürfnisse von Tablets und Touch-Screens an.

Ich war niemals ein Vertreter der billigen Hardware für ernsthafte Geschäftslösungen. Die Server müssen Business-Class Niveau haben. Die Desktop-Geräte müssen Business-Class Niveau haben. Das heißt Geräte mit guten Markennamen mit einer Garantie von drei Jahren.

Obwohl ich diesen Standpunkt vertrete, mag es einige wenige Kunden geben, die sich perfekt für eine >Lite<-Lösung eignen. Wenn sich alles in der Cloud befindet und es keine Rolle spielt, wie Sie sie betreten, dann braucht man nicht unbedingt einen robusten Desktop. Ob nun Thin-Clients oder lediglich Einwegcomputer, die nur $400 pro Stück kosten, es haben sich einige neue Optionen aufgetan.

Die beste Möglichkeit besteht darin, Serviceangebote zu entwickeln, die die Hardware beinhalten. Vielleicht bieten Sie eine Firewall, Switches, Desktop-Geräte, Monitore und UPSs zusammen mit Ihrem Service an. Sie kassieren eine höhere monatliche Gebühr und die Kosten für die Hardware sind schnell gedeckt.

Diese Vorgehensweise möchte ich nicht gerade als Geschäftsmodell anpreisen, sondern sie als legitime Option zumindest erwähnen.

Und diese Option gab es nicht, als ein Desktop-Gerät noch $1500 inklusive einer Grundausstattung an Bürosoftware kostete.

HaaS – Hardware as a service – ist jetzt viel einfacher aus Eigenmitteln zu finanzieren, falls Sie sich dazu entscheiden.

Mobile Geräte

Wie ich bereits erwähnt habe, schafft die Explosion des Mobilgerätemarktes ebenfalls neue Möglichkeiten. Es scheint so, als ob diese Geräte nicht mehr aufzuhalten sind. Völlig unbemerkt sind sie aufgetaucht. Angestellte laden diese Geräte mit Firmendaten oder richten sie so ein, dass sie Zugang zu Firmendaten haben. Das hat zur Folge, dass Firmendaten allgemein zugänglich sind!

Mobile Device Management – MDM – muss sich beinahe ebenso wie ein Managed Service-Angebot gestalten. Und laut Definition werden sich diese Geräte sozusagen in der Wildnis bewegen – und nicht an den Domain-Controller oder ein lokales Netzwerk gebunden sein. Das bedeutet, die Management-Tools müssen leicht einsetzbar sein und remote arbeiten.

Alle RMM-Dienstleister entwickeln MDM-Optionen. Auch viele andere Dienstleister bieten diese an, da sie MDM als ihre Eintrittskarte in den Managed Service-Markt betrachten.

Es ist verblüffend – beinahe irrsinnig – wie sehr sich die Technologie seit der ersten Herausgabe dieses Buches verändert hat. Und der Umfang der Veränderungen wird stets zunehmen. Das bedeutet mehr Geräte, mehr Arten von Tools, mehr Möglichkeiten.

Einige Leute befürchten, Technologie-Consulting würde schwieriger werden oder unter stärkerer Konkurrenz leiden, weil es für die Kunden zu >leicht< würde, alles selbst zu installieren. Dies trifft aus zweierlei Gründen nicht zu.

Erstens, die Schnelligkeit der Entwicklung jagt den Leuten Angst ein. Geschäftsinhaber befürchten, von der Technik überholt zu werden oder zu viel zu bezahlen, weil sie den neuen Kram nicht ganz verstehen. Zweitens, selbst wenn sie theoretisch selbst online gehen können und alles Notwendige selbst kaufen können, fehlt ihnen die profunde Kenntnis, um die richtige Wahl zu treffen. Folglich engagieren sie einen Berater.

Ist es zu spät, um ins Managed Service Geschäft einzusteigen? Auf keinen Fall! Jetzt ist es leichter, als jemals zuvor. Es gibt viel mehr Optionen und die Nachfrage steigt. Es gab niemals einen besseren Zeitpunkt, um in das Managed Service-Geschäft einzusteigen!

Das sollten Sie sich merken:

1. Der Zeitpunkt ist äußerst günstig, um ins IT-Consulting-Geschäft einzusteigen, weil es heute eine Menge neuer Technologien gibt. Sie wissen, wenn Sie jetzt investieren und sich das Wissen über die neueste Technologie aneignen, dass eine Zeit kommen wird, in der Sie Ihren Nutzen daraus ziehen werden.

2. Server 2016 Essentials eignet sich perfekt für Netzwerke mit 25 oder weniger Nutzern – insbesondere ist er gut mit Cloud-Diensten zu kombinieren.

3. Mobile-Device-Management eröffnet Ihnen ganz neue Möglichkeiten, denn die Explosion der Mobilgeräte auf dem Markt stellt eine hohe Sicherheitsbedrohung für Ihre Kunden dar.

Damit sollten Sie sich zusätzlich beschäftigen:

Beachten Sie bitte, dass alle URLs Änderungen unterliegen, insbesondere die Microsoft-Seiten.

- Microsoft "TechCenters" für IT-Produkte & -Technologien – https://technet.microsoft.com/en-us/bb421517.aspx
- Windows Server 2016 (alle Ausgaben) – https://www.microsoft.com/en-us/cloud-platform/windows-server-2016

# 3.	Cloud-Computing im Kleinunternehmerbereich

Obwohl wir die Begriffe >Cloud-Dienste< und >Cloud-Computing< jetzt seit mehreren Jahren benutzen, haben wir immer noch keine vollkommen exakte Vorstellung, wie wir diese definieren sollen. Schön wäre es, wenn wir einfach Kästchen ankreuzen und bestimmen könnten, ob *Cloud* oder *Nicht Cloud*.

Meine örtliche Telefongesellschaft bietet Zugang zu ihrem alten Terminalserver über Geräte in ihrem Rechenzentrum an und nennt das Cloud-Service. Bedeutet das, dass jeder, der RDP (remote desktop protokol) oder RWW (remote web workplace) benutzt hat, sagen kann, er biete seit dem Jahr 2000 oder gar 1995 Cloud-Dienste an?

Extreme wie diese erschweren eine ernsthafte Diskussion über Cloud-Angebote. Sie brauchen eine klarere Definition, um zu entscheiden, wie dieser Service in Ihr Geschäftsmodell passt. Es geht nicht nur um ein Verkaufsspiel.

Ich unterscheide vier Arten von Clouds, von denen eine jede ihre eigenen Möglichkeiten für Sie birgt:

A.	Cloud-basierte Dienste

B.	Gehostete Server

C.	Gehostete Dienste

D.	Hybrid-Cloud-Angebote

## A.	Cloud-basierte Dienste

Cloud-basierte Dienste existieren ausschließlich in der Cloud. Vielleicht nutzen Sie Salesforce.com oder QuickBooks Online. Beides sind Cloud-basierte Dienste. Die meisten >gehosteten< Spamfilter sind wahre Cloud-basierte Dienste.

Wenn Sie Cloud-basierte Dienste anbieten, stehen Ihnen viele verschiedene Wege zur Verfügung. Die gängigste Form besteht in dem Wiederverkauf des Service, wobei Sie als Vertriebspartner (Affiliate) des Dienstes auftreten oder den Service als Komponente innerhalb eines Ihrer Angebote führen.

Wenn Sie einen Cloud-basierten Service weiterverkaufen, geschieht das meist in der Form, dass Sie im Großen einkaufen und im Kleinen verkaufen. Zum Beispiel könnte ich einen Spamfilter für $2 pro Nutzer kaufen und für $5 pro Nutzer weiterverkaufen. Den Kontakt zum Kunden halte ich. Der Service-Provider weiß nur so viel über den Kunden, wie er benötigt, um den Service bereitstellen zu können. Das schließt normalerweise Daten wie Name, Adresse oder finanzielle Informationen nicht mit ein.

Wenn Sie als Vertriebspartner für den Service agieren, führen Sie den Verkauf durch, aber der Kunde gibt seine Kreditkarte dem Service-Provider. Sie selbst werden in Form einer Verkaufsprovision oder irgendeiner Art von Vermittlungsgebühr bezahlt. Nehmen Sie zum Beispiel an, Sie verkaufen einen gehosteten VOIP (voice of IP) -Service. Ihr Anteil am Verkauf besteht lediglich darin, den Papierkram für den Kunden und den Service-Provider zu erledigen. Mit viel Glück bekommen Sie 25 % der monatlichen Zahlungen.

Es gibt zwei wichtige Faktoren, die Sie beachten sollten, wenn Sie Ihre Verkäufe in der Rolle eines Vertriebspartners tätigen. Zuerst müssen Sie sich entscheiden, welche Art von Bezahlung Sie bevorzugen. Einige Provider geben Ihnen eine Provision, solange der Kunde deren Dienste in Anspruch nimmt. Das heißt, auch wenn jener Telefonservice-Kunde von Ihnen keinen Managed Service mehr bezieht, erhalten Sie trotzdem weiterhin die Provision, solange er den Telefonservice in Anspruch nimmt.

Einige Dienste zahlen ihren Vertriebspartnern eine einmalige Summe. Also beziehen Sie zu Beginn eine (weitaus höhere) Provision, erhalten dann aber nichts mehr. Der Service selbst behält danach 100 % der monatlichen Zahlungen für sich. Einige Dienste lassen Ihnen die Wahl, ob Sie als Wiederverkäufer oder als Vertriebspartner auftreten möchten.

Der zweite bedeutende Faktor, den es zu bedenken gilt, wenn Sie sich entscheiden, was Sie verkaufen wollen, besteht in der Frage der Kundeneigentümerschaft: Wer besitzt den Kunden? Mit anderen

Worten: Ist dies *Ihr* Kunde oder der Kunde der Telefongesellschaft? So wie ich es sehe, gehört der Kunde demjenigen, der jeden Monat die Kreditkarte des Kunden belastet.

Im Beispiel des Spamfilters kann der Kunde wissen, wer der Service-Provider ist oder nicht. Doch selbst wenn er den Markennamen sieht, weiß er, dass er seine monatliche Zahlung an Sie leistet. Dieser Kunde gehört Ihnen. Sie können ihn leicht zu einem anderen Provider wechseln.

Im Falle des VOIP-Providers gehört der Kunde diesem. Der Provider belastet die Kreditkarte des Kunden. Er kann zu einem anderen >Verkaufsagenten< wechseln. Das heißt, wenn Sie nicht der Top-verkäufer sind, bleiben Ihre monatlichen Zahlungseingänge aus. Und der Kunde erinnert sich vielleicht nicht einmal daran, dass Sie ihm diesen Service verkauft haben, da ihm dieser von dem Provider in Rechnung gestellt wird.

Und schließlich gibt es noch die Möglichkeit, mit Cloud-Diensten Geld zu verdienen, indem man sie in sein eigenes Angebot einbaut. Dies ist die gebräuchlichste Option für die meisten Dienste. Zum Beispiel beinhaltet unser Cloud-Five-Pack Disk-Storage in der Cloud, Exchange-Mailboxen, Spamfilter, Antivirus und RMM (remote monitoring and management).

In diesem Fall stellt der Spamfilter nur eine Komponente innerhalb des Bündels dar. Dies führt uns wieder zur bereits zuvor angesprochenen Diskussion der Preisgestaltung für das Managed Service-Modell zurück. Spamfilter können Sie per Nutzer oder per Mailbox kaufen. Weil Sie im Großen einkaufen, bekommen Sie einen guten Preis. Und anstatt die Dienste einzeln zu verkaufen, bieten Sie sie lieber als Teil Ihres Paketes an.

B. Gehostete Server

Da sprechen wir von einer Technologie, die es schon immer gab und jetzt können wir ihr ein Cloud-Label aufdrücken!

Gehostete Server sind genau das: Irgendwo in der Cloud gibt es einen Rechner oder einen virtuellen Rechner, der Ihr Betriebssystem oder Ihre Anwendungen fährt. Zum Beispiel zahlen Sie monatlich für einen gehosteten Windows Server bei Amazon, Azure, Rackspace oder 10.000 anderen Orten. Sie suchen sich den passenden raus und verkaufen ihn an Ihren Kunden.

Was Sie verkaufen, ist der Zugang zu einem vollständigen Server. Besagter Windows-Server betreibt vielleicht den Exchange-Server. Diesen Exchange-Server müssen Sie ebenso behandeln wie einen in Ihrem Büro installierten physischen Server.

Eine wichtige Anmerkung: Wenn Sie gehostete Server verkaufen, müssen Sie beachten, dass diese eine ebensolche Wartung erfordern wie physische Server. Das heißt, sie erfordern Monitoring, Patching und Backup. Der Provider wird nichts davon für Sie erledigen. SIE sind für den technischen Support dieser Server verantwortlich. Das ist sehr wichtig, denn Sie müssen dem Kunden sowohl die Wartung, als auch den Service selbst in Rechnung stellen.

C.   Gehostete Dienste

Gehostete Dienste sind etwas vollkommen anderes. Ob sie nun von einem physischen oder virtuellen Rechner erbracht werden, was Sie kaufen ist immer nur ein kleiner Teil von dem, was der Rechner leistet. Das perfekte Beispiel dafür ist die gehostete Exchange-Mailbox.

Gehostete Exchange-Mailboxen sind Exemplare von Exchange, die auf einem Exchange-Enterprise-Edition-Server gefahren werden. Das Unternehmen, das den Server besitzt, muss ihn auch warten. Es muss ihn patchen, am Laufen halten, updaten und alles reparieren, was beschädigt ist.

Sie verkaufen (wiederverkaufen) jeweils nur einen Zugang zu einer Mailbox. Falls etwas schiefgeht, können Sie selbst das Problem nicht lösen. Alles, was Sie tun können ist, den Provider zu kontaktieren und ihn zu bitten, seinen Kram in Ordnung zu bringen. Vielleicht bezahlen Sie $8 pro Monat für eine Mailbox und verkaufen sie für $15. Eine Wartungsgebühr dürfen Sie nicht verlangen, denn bei Ihnen fallen keine Wartungskosten an.

Grundsätzlich hat jeder Service eine gewisse Schmerzgrenze, die Ihnen die rationale Begründung dafür liefert, sich entweder für einen gehosteten Server oder gehostete Dienste zu entscheiden. Gehostete Dienste bieten sich eher für kleinere Kunden an, während gehostete Server sich für Großunternehmen eignen. Vergleiche: 10 Nutzer von Mailboxen, die jeweils $15 kosten versus 100 Mailboxen a $15. Gleichzeitig übersteigen die Kosten für einzelne Mailboxen die Kosten eines gehosteten Servers, der einen Exchange-Server fährt.

D. Hybrid-Cloud-Angebote

Hybrid Clouds sind im Wesentlichen Cloud-Dienste mit einigen Onsite-Komponenten. Ein Beispiel hierfür ist der Zynstras-Hybrid-Cloud-Server. Er wird zum Beispiel als eine HPE-Proliant-Box an Kundenbüros verkauft, für die Sie virtuelle Rechner laufen haben. Die Box kontrolliert alle Lizenzen und monatlichen Kosten über einen gehosteten Dienst. Zusätzlich verbindet die Box den Kunden im Handumdrehen mit gehosteten Diensten in der Cloud, sodass Sie eine Schnittstelle haben, um alle Dienste zu handeln und zu lizenzieren.

Ein weiteres Hybrid-Cloud-Beispiel könnte etwas sein, das Sie selbst kreieren, indem Sie Onsite-Komponenten mit Cloud-Komponenten kombinieren. Nehmen wir an, Sie berechnen dem Kunden $100 monatlich für einen 100 GB >Speicher<, der stets ein Back-up erhält und augenblicklich zur Verfügung steht. Dies schließt vielleicht einen kleinen Essential-Server (siehe Kapitel 2) mit ein, onsite für einen schnellen Zugang, der in Echtzeit ein Backup über einen Cloud-Service erstellt. Der Kunde zahlt Ihnen eine Servicegebühr, die Hardware gehört Ihnen und die Cloud-Speicher-Komponente ist lediglich ein Teil des Cloud-Speichers, den Sie kaufen und jeden Monat wiederverkaufen.

Ungeachtet dessen, welche Kombination dieser vier verschiedenen Cloud-Angebote Sie sich entschließen zu verkaufen, mit dem Cloud-Service lässt sich eine Menge Geld machen. Mehr und mehr profitieren wir von Diensten, die nicht uns gehören, die wir nicht kontrollieren und die wir nicht warten.

Falls Sie neu im Geschäft sind, kennen Sie lediglich Cloud-basierte Tools und Angebote. Falls Sie länger als nur ein paar Jahre zu unserer Berufsgruppe gehören, haben Sie die Cloud-Technologien längst adaptiert und in Ihre Geschäftsangebote eingewoben.

Die einfachsten und offensichtlichsten Cloud-Angebote lauten (mehr oder weniger in Rangfolge):

- Gehostete Spamfilter

- Cloud-basierter Backup und Disaster Recovery

- Cloud-basierter Speicher

- Gehostete Line-of-Business (LOB) -Anwendungen

- Gehostete Dienste (z.B. Kauf von gehostetem Exchange-Service für je eine Mailbox)

- Gehostete Server auf einer Plattform wie Azure oder Amazon Web Services.

Die weniger offensichtlichen Cloud-Dienste sind gehostete Intrusion-Detection, Content-Filtering, Antivirus und Mobile-Device-Management. Dies sind Dienste, die Sie leicht an Ihre Kunden vertreiben können und die sich gut in Ihr Managed Service-Preismodell einfügen.

Ein weiteres Cloud-Produkt

Es gibt noch eine Art von Cloud-Service, mit dem Sie eventuell in Kontakt kommen, den ich aber nicht zu den vier oben genannten Clouds rechnen möchte: die Cloud-basierte Development-Environment. Ich erwähne sie zwar hier, werde aber in diesem Buch nicht mehr darauf zurückkommen, da es sich hier wirklich um eine Produkt (Applikation)-Development-Plattform handelt, die nicht Teil des Managed Service sein kann.

Microsofts Azure (www.windowsazure.com) bietet eine Cloud-basierte Development-Environment an. Microsoft hat mehrere Tools entwickelt, um Applikationen und Websites zu kreieren, die nur innerhalb der Azure-Umgebung funktionieren. So können Sie zum

Beispiel ein SQL >Exemplar< nutzen, ohne den Server zu berühren, auf dem es läuft.

Sie sind wahrscheinlich noch kein Entwickler, aber in der Azure -Cloud zu programmieren ist nicht schwer. Und außerdem können Sie jederzeit jemanden auf Stunden- oder Projekt-orientierter Basis bezahlen, der Applikationen für Sie entwickelt. Siehe hierzu UpWork (upwork.com), ehemals odesk.com und elance.com.

Das Kleinunternehmer-Vorurteil

Während all diese Cloud-Angebote (und damit auch die Managed Services selbst) ständig leistungsfähiger, gebräuchlicher und leichter zu installieren und zu unterhalten sind, versuchen immer mehr große Unternehmen, sich in unseren Marktraum zu drängen. Eine der stets wiederkehrenden Diskussionen auf unseren SMB-Konferenzen dreht sich um die Frage: >Muss ich mir Sorgen darum machen, dass [Dell] [Staples] [Best Buy] [Ingram Micro] [etc.] direkt an meine Kunden verkaufen könnten?<

Grundsätzlich würde ich das zunächst mit Nein beantworten. Dafür gibt es zwei Gründe. Erstens machen wir uns bereits seit zehn Jahren darüber Gedanken und es hat sich bis heute nicht bewahrheitet. Zweitens, und viel wichtiger, ziehen es kleine Unternehmen vor, mit ihresgleichen Geschäfte zu machen. Sie wollen einen persönlichen Ansprechpartner. Sie wollen keine Supportline im Ausland anrufen. Sie wollen nicht in der Warteschleife hängen.

Eigentlich hätten sich Ihre Kunden bereits vor fünfzehn Jahren ohne Ihre Hilfe einen Small Business Server mit Internetzugang einrichten können. Wenn Sie in diesen Kategorien denken, hätten Ihre Kunden Sie eigentlich niemals >gebraucht<. Aber Ihre Kunden wollen Sie, denn sie kennen sich mit der Wahl des adäquaten Cloud-Dienstes auch nicht besser aus als mit der der passenden Server-Hardware.

… Und jetzt kommt einer aus der letzten Reihe daher und muss unbedingt erwähnen, dass man mit der Reparatur von hausgemachten Netzwerkprojekten eine Menge Geld verdienen kann?

Also, wissen Sie was? Sie werden eine Menge Geld machen und eine Menge neuer Kunden gewinnen, wenn Sie hausgemachte, selbst erstellte Cloud-Projekte in Ordnung bringen.

Am Ende ist es für Unternehmen am angenehmsten, Geschäfte mit Firmen ihrer eigenen Größe zu machen. Wir haben tatsächlich einen Kunden, der uns gesagt hat, er ließe niemanden an seine Daten oder Server heran, dem er nicht Auge in Auge gegenübergestanden hat. Daher mag er uns sein Back-up anvertrauen, aber niemals einer unbekannten Cloud an einem unbekannten Ort.

Selbst wenn diese Kunden Dienste von großen Providern wie Rackspace oder Amazon kaufen, wollen sie mit Rackspace oder Amazon keinesfalls in Kontakt treten. Nein, sie wollen Sie anrufen und nur Sie.

In meinem letzten wirklichen Job bevor ich Consultant wurde, migrierten wir eines Tages eine massive Three-State-Operation von Minicomputern (HP 300) mit Dump-Terminals zu NT-Servern mit SQL und PCs auf dem Desktop. Damals war das wichtigste Schlagwort >Client Server<. Benutzen Sie Client-Server-Technologie? Ist dies eine Client-Server-Applikation?

Der Wechsel zum Client-Server war wenig mehr als ein Label, das wir benutzen konnten, um zu umschreiben, was wir eigentlich längst taten. Schon lange hatten wir uns von Dump-Terminals verabschiedet. Wir hatten vielleicht 25 Dumb-Terminals im Büro und 25 Workstations mit Terminal-Emulator-Programmen. Auf dem Desktop hatten wir Computing Power, also war es nicht weit zum nächsten Schritt, ein System zu entwickeln, das Vorteil aus dieser Tatsache zog. Unsere NT/SQL-Kombination erforderte eine Client-Komponente.

Cloud-Computing ist ähnlich. Es ist der offensichtlich nächste Schritt in der technischen Evolution. Viele von uns haben sich bereits seit Jahren darauf zu bewegt, bevor es ein Label aufgedrückt bekam. Zum Beispiel war der On-Premise-Spamfilter eine wirkliche Option. Jetzt wird er fast überhaupt nicht mehr eingesetzt (zumindest nicht im Small-Business-Bereich). Der gehostete Spamfilter macht einfach mehr Sinn. Vielleicht haben Sie in den letzten Jahren noch On-Premise-Spamfilter als Altlast im Angebot gehabt, doch ich wette darauf, dass Sie nicht viele verkauft haben.

Fazit bezüglich Cloud-Diensten

Cloud-Dienste sind langlebig. Einige tragen ein neues Label für ältere Praktiken. Einige bieten wahrhaft neue und leistungsstarke Lösungen. Zum Beispiel hasse ich größtenteils On-Promise-Line-of-Business (LOB) Applikationen und liebe gehostete LOBs. Viele On-Premise LOBs waren ein Graus zu betreuen und teuer upzugraden. Gehostete LOBs sind immer auf dem neuesten Stand und fügen sich bestens in das oben angesprochene Preismodell ein: Der Kunde bezahlt für das, was er nutzt und garantiert monatlich wiederkehrende Umsätze.

Viele Berater haben Managed Services lediglich als Onsite-Dienste verkauft. Wir werden darauf zu sprechen kommen, wie Sie Cloud-Dienste ganz einfach in Ihr Managed Services-Modell integrieren können. Eines meiner ältesten Versprechen ist, dass ich stets versuchen werde, meinem Managed Services-Angebot laufend weitere Dienste hinzuzufügen, sodass wir dem Kunden mehr zum gleichen Preis liefern. Wir werden Ihnen zeigen, wie einfach das ist.

Das sollten Sie sich merken:

1. Es gibt vier grundlegende Typen von Cloud-Diensten:

    a. Cloud-basierte Dienste

    b. Gehostete Server

    c. Gehostete Dienste

    d. Hybrid-Cloud-Angebote

2. Gehostete Server verlangen denselben Aufwand an Wartung wie ein physischer Server im Büro eines Kunden.

3. Gehostete Dienste verlangen keinerlei Wartung Ihrerseits.

4. Sie sollten sich keine Sorgen darüber machen, dass große Unternehmen ihre Dienste an Ihre Small-Business-Kundenbasis verkaufen. Ihre Kunden ziehen es vor, mit Unternehmen ihrer eigenen Größe zu arbeiten.

Damit sollten Sie sich zusätzlich beschäftigen:

- Upwork – www.upwork.com
- Microsoft's Azure – www.windowsazure.com
- QuickBooks Online – www.quickbooksonline.com
- Salesforce.com – www.salesforce.com

II. Das Managed Service-Modell

4. Neueinsteiger im Consulting-Geschäft versus existierendes Unternehmen

Sind Sie brandneu im Consulting-Geschäft oder besitzen Sie bereits ein laufendes Geschäft, das Sie nach dem Managed Service-Modell umgestalten wollen? Entsprechend unterschiedlich werden Sie natürlich an dieses Buch herangehen.

Die erste Auflage von *Managed Services in nur einem Monat* wurde für bereits aktive EDV-Berater geschrieben, die das Managed Service-Modell übernehmen wollten. Im Laufe dieses Buches werden Sie sehen, dass der Fokus immer noch auf dieser Zielgruppe liegt. Aber auch Neueinsteiger werden von diesem Buch profitieren.

Während der Ausbreitung der Cloud-Dienste innerhalb der letzten zehn Jahre sind viele Menschen nach ihrem Abschluss auf der High-School oder dem College in die Geschäftswelt eingetreten. Viele von ihnen wurden IT-Consultants. Einige besuchten Fachschulen, um das Geschäft zu erlernen.

Manche wurden aus größeren Unternehmen entlassen oder mussten dem Druck weichen, mit weniger mehr zu schaffen. Auch sie sind ins IT-Consulting abgewandert. Und einige andere hatten einfach ihren Traum gewechselt und sich entschlossen, MSPs zu werden.

Willkommen in Ihrem neuen Beruf!

Falls Sie neu im Geschäft sind, müssen Sie dieses Vorhaben vielleicht auf zwei Monate ausdehnen, statt sich mit den vorgesehenen 30 Tagen zu begnügen. Doch auf jeden Fall werden Sie von uns alles Notwendige erfahren. In gewissem Sinne ist es sogar einfacher, neu als MSP zu beginnen, als ein bestehendes Geschäftsmodell (und Ihre Kunden) umzuwandeln.

Ich rate Ihnen, sich ganz klar zu entscheiden, wen Sie als Kunden haben möchten und niemals die Dollars zu beklagen, die Ihnen dadurch bei anderen scheinbar >aussichtsreichen< Geschäften entgehen. Als erstes sollten Sie NICHT die Größe des Netzwerkes des Kunden in Betracht ziehen, sondern seine Bereitschaft, Geschäfte innerhalb Ihres Modells abzuwickeln.

Viele kleine IT-Unternehmen passen ihre Angebote und Spezialisierungen an die Bedürfnisse des größten Kunden an, den sie ergattern können. Auf lange Sicht ist es jedoch weitaus profitabler, Kunden zu finden, die in Ihr Modell passen. Das heißt, Sie müssen Ihr eigenes Geschäftsmodell haben. Sie müssen sich ein Bild Ihres idealen Kunden schaffen und ein auf diesen Kunden zugeschnittenes Dienstleistungsangebot entwickeln.

Ihr Coach heißt Sie in diesem Buch willkommen

Wenn ich einen neuen Kunden übernehme, den ich coache, erarbeite ich sechs >Grundbausteine< für ein erfolgreiches Managed Services-Geschäft (siehe Kapitel III., 9.). Dabei gibt es vier Gebiete, denen man vorrangig seine Aufmerksamkeit schenken muss. In Kürze werde ich sie Ihnen vorstellen. Wie Sie im Verlauf des Buches merken werden, liegt der Schlüssel zum Erfolg in dem richtigen Verständnis dieser Sachverhalte.

Erstens: Ihre persönlichen Ziele und Ambitionen. Dies bedeutet, täglich eine Ruhephase einzuplanen, um Ihre Produktivität zu steigern. Es schließt Ihre persönlichen Ziele für Sie selbst und Ihre Familie mit ein. Und es umfasst Ihre Vision und Ihre Mission hier auf Erden.

Falls Sie keine haben, warum tun Sie dann überhaupt etwas?

Zweitens: ein Professional-Services-Automation-Tool. Sie brauchen dieses Tool. Es ist sozusagen die für Ihren Geschäftszweig wichtigste Applikation, um Ihr IT-Geschäft zu fahren. Sie benutzen es, um Arbeitsstunden Ihrer Angestellten und in Rechnung zu stellende Zeiten, Verträge, Service-Anfragen/Service-Tickets und vieles mehr festzuhalten. Was nicht in Ihrem PSA gespeichert ist, existiert nicht.

Drittens: ein Remote-Monitoring und Managing-Tool. Davon benötigen Sie ebenfalls eins. Ein RMM-Tool erlaubt Ihnen, alle Computer Ihrer Kunden zu monitoren, zu patchen und zu kontrollieren. Dies ist die Komponente, die Ihnen hilft, den Managed Service zu liefern, den Sie versprochen haben.

Viertens: ein Buchhaltungs-Tool. Das gebräuchlichste ist Quick-Books. Sie können auch Business Works, PeachTree oder etwas Ähnliches wählen. Mithilfe dieses Werkzeugs werden Sie nicht nur Ihre Einnahmen und Ausgaben verwalten, sondern Berichte generieren, die Ihnen zeigen, wie Sie vorankommen und in die Zukunft projizieren, wohin Sie gehen.

Die letzten drei Punkte bearbeiten wir auf sehr ähnliche Weise. Sie müssen zuerst das Werkzeug auswählen. Dann müssen Sie es installieren, im Detail konfigurieren und **es benutzen**.

Es wird Sie überraschen, dass ich dies besonders betone. Aber es ist erstaunlich, wie viele Leute diese Tools kaufen und sie dann nicht benutzen. PSA- und RMM-Tools sind heutzutage weitaus preisgünstiger als vor einiger Zeit. Doch selbst, als sie noch sehr teuer waren, investierten die Leute zwar das Geld, um sie zu kaufen, jedoch nicht die Zeit, die sie gebraucht hätten, um sie ins Laufen zu bringen.

Dieses Buch wird sich nicht lange mit dem erstgenannten Punkt aufhalten, doch den anderen drei Punkten werden wir viel Zeit widmen. Während Sie dieses Buch durcharbeiten, seien Sie sich bitte stets bewusst, dass Sie etwas auswählen, kaufen und installieren müssen.

Lange bevor Sie das Ende des Buches erreicht haben werden, müssen alle drei Tools an Ort und Stelle platziert sein. Sie stellen die grundlegende Voraussetzung für Ihren Erfolg dar.

Noch einmal – herzlich willkommen in unserem Beruf. Bitte schreiben Sie mir per E-Mail (karlp@smallbizthoughts.com) oder via Blogkommentare (http://blog.smallbizthoughts.com), wenn Sie einen besonderen Rat benötigen. Ich erhalte eine Menge E-Mails und antworte, sobald es mir möglich ist. Denken Sie bitte auch daran, dass ich es oft vorziehe, die Antwort öffentlich in dem Blog zu posten, sodass sie mehr Menschen erreicht, als wenn ich Ihnen eins zu eins antworten würde. Natürlich bleibt Ihre Privatsphäre gewahrt.

Und nun lassen Sie uns beginnen.

Das sollten Sie sich merken:

1. Wenn Sie potentielle neue Kunden prüfen, ist die Größe deren Netzwerkes weniger wichtig als ihre Bereitschaft, sich in Ihr Geschäftsmodell einzufügen.

2. Warum ist >Punkt 1< wichtiger als alles anderen? Wenn Sie nicht wissen, warum Sie tun, was Sie tun, fehlt Ihren Handlungen die Richtung.

3. Noch bevor Sie dieses Buch beenden, sollten Sie die folgenden drei Werkzeuge an Ort und Stelle haben:

    a. Ein PSA (Professional Services Automation) -Tool

    b. Ein RMM (Remote Monitoring and Management) -Tool

    c. Ein Buchhaltungstool wie zum Beispiel QuickBooks

Damit sollten Sie sich zusätzlich beschäftigen:

- QuickBooks – www.intuit.com oder www.quickbooksonline.com
- Business Works – www.sage.com/us/sage-businessworks
- PeachTree – www.sage.com/us/sage-50-accounting

Zu persönlichen Zielen, Mission und Vision empfehle ich:

Relax Focus Succeed von Karl W. Palachuk

Grundsätzliches zum Aufbau eines neuen Geschäfts:

- Wertvolle Tipps für die Unternehmensgründung: https://www.selbststaendig-machen.net/

- Existenzgründer-Magazine: Ein Unternehmen gründen – https://www.entrepreneur.com/topic/starting-a-business

5. Managed Service in einem Monat

Gelegentlich höre ich jemanden sagen: >Managed Services ist nichts für mich<. Eigentlich meinen die Leute damit, dass sie etwas versucht haben und gescheitert sind.

Lassen Sie mich Ihnen also ein paar Fragen stellen.

Erstens: Was bedeutet Managed Service für Sie?

Zweitens: Wie hat Ihr Versuch ausgesehen? Oder wichtiger: Sind Sie mit beiden Füßen eingestiegen, oder haben Sie lediglich einen Teilaspekt oder zwei ausprobiert?

Drittens: Wie lange sind Sie dem neuen Plan gefolgt?

Nun lassen Sie uns diese drei Fragen näher erörtern.

Erstens: Was bedeutet Managed Service für Sie?

Ich definiere Managed Service als einen Technischen Support, der aufgrund eines Dienstleistungsvertrages gestellt wird, welcher sich auf genau festgelegte Tarife gründet und dem Consultant ein bestimmtes Mindesteinkommen sichert. Mit anderen Worten: Wenn Sie einen Service-Vertrag abgeschlossen haben und Ihr Kunde zugestimmt hat, Ihre Dienste für ein Minimum von x Stunden pro Jahr in Anspruch zu nehmen, werden Sie zur ausgelagerten IT-Abteilung Ihres Kunden. Sie führen die >IT-Abteilung< Ihres Kunden.

Wie Sie das machen, ist ein anderes Problem. Monitoring und Patch-Management sind andere Probleme. Pauschalgebühren stellen eine Art der Zahlungsmöglichkeit dar, aber gewiss nicht die einzige. Remote Support ist wieder ein anderes Problem.

Abgesehen davon, bin ich des Öfteren mit den verschiedensten Managed Service- >Gurus< auf der Bühne erschienen. Sie alle definieren Managed Service ein wenig unterschiedlich. Einige von ihnen zählen jede Leistung, die als Remote-Dienst für eine monatliche Pauschalgebühr geliefert wir, zum Managed Service.

Dies sind in gewissem Sinne die zwei Enden eines Spektrums. Gemeinsam ist ihnen Folgendes:

- Vorauszahlung der Dienstleistung

- Garantiertes Mindesteinkommen

- Kontrolle über die IT-Abteilung des Büros des Kunden und

- Dienstleistungsverträge, die Ihre Beziehung zum Kunden formalisieren

In Wahrheit ähneln sich die Dienste sehr, die wir vertreiben. Was unter dem Dachbegriff des >Managed Service< zusammengefasst wurde, sind moderne Consulting-Praktiken und -Tools für den SMB-Bereich. (SMB steht für Small and Medium Business – Klein- und mittelständischer Unternehmensbereich - und verweist auf die Consulting-Community, die diese Unternehmen bedient.)

Wir alle fahren unser Geschäft mit einem Professional-Services-Automation- oder einem Professional- Services- Administration-Programm (z.B. Autotask, ConnectWise oder SolarWinds MSP). Wir alle benutzen Monitoring-, Patching- und Reporting-Tools (z.B. Continuum oder SolarWinds MSP). Und wir alle beziehen den Großteil unserer Umsätze aus Leistungen gegen Pauschalgebühren.

Wir alle arbeiten so viel wie möglich mit Remote-Diensten. Wir alle unterstützen >automatisierte< Prozesse, um Arbeitskosten zu verringern und das Niveau unseres Service zu erhöhen.

Was also bedeutet Managed Service für Sie?

Das führt uns zu …

Punkt Zwei: Was haben Sie bisher versucht?

Oder wichtiger: Sind Sie mit beiden Füßen in die Sache eingestiegen oder haben Sie lediglich ein oder zwei Dinge ausprobiert? Seien Sie ehrlich mit sich selbst! Was haben Sie versucht?

Viele Leute erzählen mir, sie hätten sich Bücher von mir, Erick Simpson, Matt Mackowicz und anderen gekauft, doch nicht eines davon zur Anwendung gebracht. Sie haben zwar mein Dienstleistungsvertragsbuch gekauft, aber keinen einzigen Service-Rahmenvertrag entworfen. Sie haben sich zwar in ein PSA-System eingekauft, aber sich niemals die Zeit genommen, sich damit zu beschäftigen und es zu benutzen.

Daher frage ich Sie: Was haben Sie getan? Manche haben sich ein RMM-Tool gekauft, aber zu viele Lizenzen erworben und niemals herausgefunden, wie sie diese verkaufen können. Manche haben sich alle Management-Tools angesehen, sind aber niemals zu einer Entscheidung gekommen. Andere wiederum verkaufen im Voraus Verpflichtungen über x Stunden pro Monat.

Einige wenige haben begonnen, Tarife für pauschalberechnete Dienste zu entwerfen. Doch 99% ihrer Geschäftsaktivität sieht exakt genauso aus wie vor sechs Monaten oder einem Jahr.

Sie können doch auch nicht keine einzige Klavierstunde nehmen, sagen >das ist nichts für mich< und anschließend behaupten, Sie hätten dem Klavier eine Chance gegeben.

Was uns zum …

Dritten Punkt führt: Wie lange sind Sie Ihrem neuen Plan gefolgt?

Falls Sie ins Stocken geraten sind und nicht wissen, wie Sie die NOTBREMSE ziehen können. Dies ist eine ernsthafte Angelegenheit. Es geht um Ihre Existenzgrundlage. Nehmen Sie die Sache ernst und probieren Sie nicht ziellos herum. Hören Sie auf, an Ihrem Geschäftsmodell Änderungen vorzunehmen, bevor Sie wissen, was Sie da tun.

Hier sind die grundlegenden Schritte, die Sie unternehmen müssen:

- Beginnen Sie, sich einen Plan auszuarbeiten.

- Entwerfen Sie eine dreistufige Preisstruktur.

- Jäten Sie Ihren Kundengarten.

- Beenden Sie die Arbeit an Ihrem Plan.

- Entwerfen Sie einen Service-Rahmenvertrag und lassen Sie ihn von einem Rechtsanwalt überprüfen.

- Drucken Sie Ihre neuen Preisangebote.

- Treffen Sie sich mit jedem Ihrer Kunden und drücken Sie ihm Ihre neuen Preisangebote in die Hand. Lassen Sie jeden Kunden fallen, der keinen neuen Vertrag eingehen will.

- Sobald Sie Geld hereinbekommen, kaufen Sie sich ein PSA- und ein RMM-System. Dies wird Ihr Geschäft noch profitabler machen.

Ich behaupte keinesfalls, dass irgendeiner dieser Schritte einfach ist, doch VIELE haben diesen Weg bereits hinter sich gebracht, also können Sie es auch!

Ein Mitglied meiner IT-Professionals-Gruppe flog regelmäßig nach Anaheim, um die Managed Service Provider-Universität zu besuchen (jetzt SPC International). Es gefiel ihm dort, doch eines ärgerte ihn:

So lange er sich erinnern konnte, hatte er auf diesem Gebiet gearbeitet. Doch eines Tages lief er einem Mann über den Weg, der erst seit einem Jahr auf dem IT-Sektor beschäftigt war und bereits Dienste im Wert von einer Million Dollar verkauft hatte. Seine Reaktion: >Wir müssen so schnell wie möglich gleiche Erfolge erzielen.<

Das können Sie auch.

Auch Robin Robins monatlich erscheinender Newsletter berichtet über jemanden, der Dienste im Wert von einer Million Dollar verkauft hatte, indem er deren Technik nutzte. (Siehe die Quellenhinweise am Ende des Buches. Siehe auch die Website von Managed Services in a Month – www.ManagedServicesInAMonth.com).

Auch Sie können es schaffen. Alle Werkzeuge und die Unterstützung, die Sie brauchen, stehen Ihnen zur Verfügung. Um Managed Services ins Laufen zu bringen, müssen Sie sich voll und ganz dazu bekennen. Dabei ist nichts daran besonders kompliziert. Sie müssen einfach einen Plan ausarbeiten und ihn in die Tat umsetzen.

Aber ich habe mich doch noch niemals mit diesen Dingen beschäftigt!

Falls Sie absolut neu auf diesem Gebiet sind, falls Sie Anfänger im Computer-Consulting sind, oder falls Sie zwar ein paar Dinge zusammengestrickt haben, aber nicht durch den langen Lernprozess gehen wollten, um zu lernen, wie man es richtig macht, verzagen Sie nicht!

Dieses Buch enthält ganze Abschnitte, die sich nur dem neuen IT-Berater widmen, der sich für Managed Service als ein erfolgreiches Geschäftsmodell interessiert.

Im Verlauf des Buches werden wir uns zwar ein bisschen im Zick Zack bewegen, doch grundsätzlich orientiert sich der rote Faden an den drei Tools, die wir weiter oben erwähnten: PSA, RMM und Buchhaltung.

Die Herausforderung: Managed Services in einem Monat

Ich sage den Leuten ständig: Sie können Ihr Geschäft vollkommen auf den Kopf stellen und innerhalb eines Monates ein MSP werden. Lassen Sie uns das jetzt überprüfen! Dieses Buch liefert Ihnen die komplette Checkliste mit allem, was Sie benötigen, um ein Managed Service Provider zu werden. Ich wünsche mir wirklich, dass Sie es versuchen!

Und versprechen Sie mir eines: Schicken Sie mir eine E-Mail, wenn Sie Ihren ersten Managed Service-Rahmenvertrag unterzeichnen

(MSA – Managed Service Agreement)! Im Laufe der letzten Jahre habe ich E-Mails von Hunderten neuer MSPs erhalten.

Viele meiner Blogposts geben ziemlich allgemein gehaltene Ratschläge. Kaufen Sie ein Buch, schreiben Sie einen Vertrag, legen Sie sich ein Tool zu! Dieses Buch geht anders an die Sache heran. Ich werde Ihnen ganz einfach SAGEN, was Sie tun müssen. Folgen Sie klick-klick-klick meinen Anweisungen und am Ende sind Sie ein Managed Service Provider.

Bedenken Sie: Sie können sich stets korrigieren. Meinen Studenten erzähle ich immer: Eine blanke Seite können Sie nicht editieren. Schreiben Sie etwas! Dann editieren Sie es! Dasselbe gilt für Ihr Geschäft.

Und lassen Sie sich warnen: Wenn Sie zum Ziel kommen wollen, müssen Sie konsequent den Regeln folgen, an ihnen festhalten und so schnell wie möglich Anpassungen vornehmen.

Führen Sie keine halbherzigen Bemühungen durch, geben Sie nicht auf der Hälfte des Weges auf und erzählen mir, das System habe versagt! Denken Sie daran: Fokussieren Sie sich! Ihr einziges Ziel für die nächsten dreißig Tage besteht darin, den ersten Vertrag zu unterzeichnen. Jammern Sie nicht herum! Lassen Sie sich nicht ablenken! Geben Sie nicht auf!

Vorbereitung:

Gehen Sie auf www.smbbooks.com oder Amazon.com und kaufen Sie Erick Simpson's book *The Guide to a Successful Managed Services Practice* **und** mein *Service Agreements for SMB Consultants*. Falls Sie bereits eines davon besitzen, kaufen Sie das jeweils andere!

Nein, dies ist kein Trick, um mehr Bücher zu verkaufen. Borgen Sie sich eines von einem Freund. Fragen Sie, ob Ihre Bibliothek es bestellen kann. Wie auch immer Sie an diese Bücker herankommen, tun Sie es jetzt!

Oh und beginnen Sie zu lesen. Ich weiß, dass die meisten von Ihnen bereits ein oder zwei dieser Bücher besitzen. Jetzt werden wir Ihnen dabei helfen, NUTZEN aus ihnen zu ziehen.

Außerdem: Mit der ersten Stunde, die sie nächste Woche in Rechnung stellen werden, haben Sie die Kosten wieder drin.

Falls sie absolut neu in die Selbständigkeit einsteigen, müssen Sie ebenfalls Michael Gerbers *The E-Myth Revisited* lesen. Wenn ich jeden kleinen Unternehmer auf der Welt dazu bringen könnte, dieses Buch zu lesen, wäre das genial.

Sie werden erfahren, dass Existenzgründer dem Mythos unterliegen zu glauben, man sei ein guter Geschäftsmann, sobald man nur gut genug auf technischem Gebiet sei. Doch so funktioniert es nicht. Gerber revidiert diesen Mythos und zeigt, WIE es funktioniert.

Ein Großteil meiner Schreibkarriere gründet sich darauf, erfolgreiche *Verfahren* zu definieren und zu erklären. Ich habe mein Geschäft auf der Grundlage von Prozessen aufgebaut. Standard-Operating-Prozeduren. Tatsächlich habe ich es mir zur Aufgabe gemacht, diese SOPs jede Woche in meinem Blog zu diskutieren. Dies war die Geburtsstunde von SOP Friday.

Die SOP Friday-Serie stellt eine nützliche Ergänzung zu diesem Buch dar. Gehen Sie auf SOPFriday.com und Sie erhalten einen schnellen Link zum Index. Einige dieser SOPs können von jedem angewendet werden. Einige setzen jedoch voraus, dass Sie ein MSP-Geschäft unterhalten.

> **Das sollten Sie sich merken:**
> 1. Ich definiere Managed Service als einen technischen Support, der durch einen Service-Rahmenvertrag festgelegt wird und spezielle Tarife aufweist. Er garantiert dem Consultant ein spezifisches Minimum-Einkommen. Der Vertrag deckt die Wartung des Operationssystems und der Software.
> 2. Falls Sie ins Stocken geraten sind, sollten Sie keine Veränderungen an Ihrem Geschäftsmodell mehr vornehmen, bis Sie wissen, was Sie tun.
> 3. Was ist Ihr einziges Ziel während der nächsten dreißig Tage? Einen Managed Service-Vertrag zu unterzeichnen!

Damit sollten Sie sich zusätzlich beschäftigen:

- Autotask – www.Autotask.com
- ConnectWise – www.ConnectWise.com
- Continuum – www.Continuum.com
- *The E-Myth Revisited* von Michael Gerber
- *Guide to Selling Managed Services* von Matt Makowicz
- *Guide to a Successful Managed Services Practice* von Erick Simpson
- Robin Robins – Author of the Technology Marketing Toolkit – www.TechnologyMarketingToolkit.com
- *Service Agreements for SMB Consultants* von Karl W. Palachuk
- Die SOP Friday-Serie stellt eine nützliche Ergänzung dieses Buches dar. Siehe www.SOPFriday.com
- SOP Videoserie – www.youtube.com/smallbizthoughts

6.   Break/Fix- und Hybrid-Modelle

Die meisten Leute, die neu ins Computer-Consulting-Geschäft ein-steigen, beginnen damit, nach dem Break/Fix-Modell zu arbeiten, weil … na ja, eben darum. Sie erbringen eine Leistung und werden dafür bezahlt. Dann erbringen sie die nächste Leistung und werden wieder dafür bezahlt. Und so weiter.

Nach dem Break/Fix-Modell zu arbeiten, haben sie ebenso wenig bewusst entschieden, wie keine Verträge abzuschließen und sich auf die Wartung zu konzentrieren. Unglücklicherweise tauchen noch viele andere Verhaltensweisen auf, die diese Leute davon abhalten, erfolgreich zu sein.

Leider bedeutet Break/Fix nicht einfach, dass man sich dafür ent-scheidet, Service auf Nachfrage zu verkaufen. Nein, man bietet dem Kunden schlecht nachvollziehbare Konditionen, verschickt Rechnungen aufs Geratewohl, hängt von fünf Uhr morgens bis

Mitternacht am Telefon, arbeitet an den Wochenenden und fährt ein vollkommen Interrupt-gesteuertes Unternehmen.

Mit anderen Worten: Break/Fix wird zum Synonym für ein Geschäftsmodell, das sich aus sich selbst heraus entwickelt hat und nicht bewusst geschaffen wurde. Sie würden doch nicht absichtlich ein Geschäft aufbauen, das von Ihnen verlangt, zwölf Stunden am Tag zu arbeiten, ständig auf Notfälle zu reagieren, null wiederkehrende Umsätze und einen miserablen Cashflow zu haben. Aber wenn Sie einfach zulassen, dass Ihr Geschäft sich an der Nachfrage der Kunden orientiert, bekommen Sie genau das.

Okay, das klingt hart. Lassen Sie mich einen Gang runterschalten.

Break/Fix kann auch extrem profitabel sein. Es kann gut organisiert sein. Sie können im Voraus bezahlt werden. Sie können sogar Verträge abschließen und monatlich wiederkehrende Umsätze haben.

Eigentlich verlangt das Break/Fix-Modell nicht von Ihnen, schlechte Geschäftspraktiken zu haben. Es gibt eine Menge Leute, die Managed Service anbieten und ebenfalls keine guten Geschäftspraktiken aufweisen. Also lassen Sie uns jetzt die grundlegenden Elemente der >besten< Geschäftspraktiken betrachten und prüfen, welche Kombination für Sie am besten geeignet ist.

Ich werde drei Optionen vorstellen: 100% Break/Fix, 100% Managed Service und ein Hybrid-Modell dieser beiden. Die meisten von Ihnen werden sich für ein Hybrid-Modell entscheiden, das zu einem der beiden Extreme tendiert. Im nächsten Kapitel werden wir uns dann mit der Kombination von Managed Services und Cloud-Services beschäftigen.

Aber werfen wir doch zuerst einen Blick auf die besten Geschäftspraktiken, die nicht der freien Wahl unterliegen, sondern nach meiner Überzeugung ein Muss darstellen. Also ungeachtet Ihres Geschäftsmodells, befolgen Sie diese Praktiken:

1. Dokumentieren Sie stets Ihre Zeit

2. Schließen Sie mit jedem Kunden einen Vertrag (Service-Rahmenvertrag) ab

3. Lassen Sie sich für alles, was Sie tun, im Voraus bezahlen

4. Besitzen und benutzen Sie ein Ticketing-System

5. Besitzen und benutzen Sie ein Remote-Monitoring and Maintenance-System.

6. Stellen Sie Ihre Rechnungen nach einem geregelten, vorhersehbaren Zeitplan.

Dies ist nun eine viel kürzere Liste geworden, als Sie erwartet haben, oder nicht? Glauben Sie mir, es gibt noch mindestens ein Dutzend anderer Punkte, von denen ich mir wünsche, Sie würden sie befolgen. Doch selbst, wenn Sie erst einmal diese sechs befolgen, wird das die Profitabilität und Professionalität Ihres Geschäftes dramatisch steigern.

An dieser Stelle werde ich nicht weiter ins Detail gehen oder versuchen, Sie von der Klugheit dieser sechs Regeln zu überzeugen. Ich denke, dies wird sich mit Fortschreiten des Buches von selbst erklären (falls dies nicht bereits der Fall ist).

Fazit: Wenn Sie es schaffen, diese sechs Regeln dauerhaft in Ihr Geschäftsmodell zu integrieren, können Sie sowohl mit Break/Fix als auch mit Managed Service oder einem Hybrid-Modell äußerst erfolgreich sein. Falls Sie die Regeln aber nicht befolgen, werden Sie kaum Erfolg haben, welches dieser drei Modelle auch immer Sie wählen mögen.

Option 1: Break/Fix

Der Schlüssel zu einem erfolgreichen Break/Fix-Geschäft liegt in dem Befolgen von guten Regeln und guten Gewohnheiten. Da dieses Modell per Definition reaktiv ist, müssen Sie herausfinden, wie Sie verhindern können, *allzu* reaktiv zu sein.

Wiederholt werde ich Ihnen den Rat geben, davon abzusehen, anzunehmen Sie wissen, was Ihr Gesprächspartner denkt. Nur allzu oft schaffen wir uns eine eigene Wahrheit, ohne die andere Seite zu überprüfen. Wenn zum Beispiel ein Kunde anruft und behauptet, dringend irgendetwas zu benötigen, gehen wir davon aus, er brauche es sofort, noch in derselben Minute.

Wir unterstellen oft, dass alles dringend ist und unsere Kunden von uns erwarten, jederzeit erreichbar zu sein. Doch sobald Sie beginnen, näher nachzufragen, werden Sie entdecken, dass *nicht* alles wirklich als so dringlich angesehen wird. Und die Kunden verlangen auch nicht, dass alles sofort erledigt wird. Mit anderen Worten: Sobald Sie Ihrem Kunden erlauben, seinen Standpunkt genauer darzulegen, sieht die Sache oft anders aus, als Sie gedacht haben.

Bestimmen Sie Ihre Prioritäten und vermeiden Sie, Interrupt-gesteuert zu sein! Das erlaubt Ihnen, Ihre Aufträge je nach Priorität abzuarbeiten. Und das wiederum lässt Ihr Unternehmen weitaus reibungsloser laufen.

Natürlich gibt es noch weitere gute Regeln, die in Ihrem Break/Fix-Unternehmen für einen reibungslosen Ablauf sorgen. Doch der Schlüssel liegt darin, organisiert und nicht planlos zu arbeiten. Break/Fix funktioniert nicht, wenn es einfach nur Desorganisation und Chaos bedeutet (was allzu oft der Fall ist).

Ein gut organisiertes Break/Fix-Geschäft wird mit seinen Kunden Verträge abschließen, mit dem Ziel, eine professionelle Beziehung zu kreieren und den IT-Consultant als >den< professionellen Berater zu etablieren und nicht nur als irgendeinen Computermenschen, den man beliebig anrufen kann.

Ein gut organisiertes Break/Fix-Geschäft wird mit Service-Tickets arbeiten und jegliche Aufträge nach Priorität einstufen. Die wichtigsten Arbeiten werden zuerst erledigt. Auf diese Weise wird die Arbeitszeit genau nachzuvollziehen sein. Die Rechnung wird exakt und zeitnah erstellt werden.

Je mehr Sie Ihre Arbeit, Ihre Angestellten und Ihre Kunden >managen<, desto erfolgreicher läuft Ihr Geschäft. Ein gut geführtes Break/Fix-Geschäft kann extrem erfolgreich sein. Doch dann wird es niemals chaotisch, verrückt und 100% Interrupt-gesteuert sein. Es wird sich auf solide Prozesse und Abläufe stützen, die es zum Erfolg führen.

All dies verlangt bewusste Anstrengung. Denken Sie an mein Motto: **Nichts geschieht von selbst!**

Wenn Ihr Einstieg ins Geschäft damit begann, auf Notfälle zu reagieren, und heute läuft, als ob alles ein Notfall wäre, dann spielt es keine Rolle, wie groß auch immer Sie Ihr Geschäft aufziehen. Es wird ein Geschäft bleiben, das auf Notfälle reagiert. Es wird chaotisch sein. Und viel weniger profitabel, als es sein könnte.

Wenn Sie sich dazu entschließen, ein Break/Fix-Modell zu fahren, so ist das vollkommen in Ordnung. Stellen Sie lediglich sicher, dass es wie ein gut funktionierendes Geschäft läuft, ausgelegt auf Erfolg.

Option 2: Managed Service

Was fügt >Managed Service< dem erfolgreichen B/F-Modell hinzu?

Die Schlüsselkomponente des Managed Service ist das Management. Mit anderen Worten: Sie übernehmen die Wartung des Systems des Kunden. Sie übernehmen die Fürsorge. Sie übernehmen die Verantwortung. Und, als Ergebnis, beugen Sie Problemen vor, bevor diese auftauchen.

Das zweite Basiselement des Managed Service besteht darin, dass Sie versuchen, die Rechnung des Kunden so weit wie möglich gering zu halten, während Sie Ihr eigenes wiederkehrendes Einkommen maximieren. Ich denke, die Entwicklung meiner eigenen Firma ist ein gutes Beispiel für die Evolution des Managed Service.

Als ich mit KPEnterprises begann, wusste ich nicht, dass die Leute keine Verträge abschließen wollen. Daher bat ich die Kunden ganz unvoreingenommen, grundlegende Servicekonditionen zu unterzeichnen: >Ich verspreche Ihnen, eine Rechnung zu stellen, Sie versprechen mir zu zahlen. Und jeder kümmert sich um seine Steuern.<

Dann bat ich die Kunden, meine Stunden im Voraus zu zahlen, sodass ich mein Geld vorab hatte und die Kunden einen besseren Arbeitstarif bekamen. Viele gingen darauf ein, manche nicht.

Als Nächstes führte ich eine regelmäßige monatliche Wartung ein. Den Kunden sagte ich einfach, das müsse sein. Also setzte ich mich jeden Monat bei jedem Kunden an den Server und führte eine >Wartung< durch, was alle Patches, Fixes und Updates einschloss. Dies beinhaltete ebenfalls, die Server-Logs zu überprüfen, das Anti-Virus-Programm auf dem Laufenden zu halten und das Back-up zu überprüfen, indem Dateien wiederhergestellt wurden.

Ich besitze eine vollständige Liste von Aufgaben, die jeden Monat bei jedem Kunden ausgeführt werden müssen. (Für einen guten Start siehe meine >68-Point Checklist< bei www.SMBBooks.com – in der Free Stuff-Abteilung.)

Ich achtete also darauf, was ich tat und was den Kunden dieser Service kostete. Ich bemerkte, dass es Kerndienstleistungen gab, die sich auf präventive Wartung fokussierten. Und wenn ich sie gut ausführte, wurde mir kaum Mehrarbeit im Monat abverlangt.

Das veranlasste mich dazu, einen pauschal in Rechnung gestellten Service anzubieten. Für eine Pauschalgebühr wollte ich die komplette Wartung des Operationssystems inklusive der Software übernehmen. Sie entsprach grob den Kosten für 25 Arbeitsstunden pro Workstation pro Monat plus einer Stunde Serverwartung plus einer Stunde zusätzlicher Arbeit am Server oder Netzwerk pro Monat.

Zu diesem Preis konnte ich jedermanns Rechnung glätten, alle ihre Systeme warten und ein sehr voraussehbares Einkommen haben. Und hier ist die Schlüsselkomponente des Unterschieds zwischen Break/Fix und Managed Service: RMM.

Ungeachtet, wer Sie sind, denke ich, sollten Sie ein RMM (Remote Monitoring and Management) -Tool haben. Falls Sie nach dem Break/Fix-Modell arbeiten, nutzen Sie es ausschließlich zum Monitoring. Sie applizieren nicht automatisch Patches und Fixes. Alle Geräte werden besser arbeiten und Sie werden eine Menge weniger Arbeit haben.

Wenn Sie Managed Service anbieten, applizieren Sie automatisch all diese Patches, weil Sie sich Arbeit sparen wollen. Immerhin sind

Sie bereits für Ihre Arbeit bezahlt worden. Wenn Sie also dafür sorgen, dass alles reibungslos läuft, ohne dass Sie zusätzlich Arbeit investieren müssen, dann verdienen Sie mehr.

Für das Patch-Management müssen Sie etwas in Rechnung stellen. Sie können das nicht umsonst hergeben, weil *es funktioniert*. Es wird die für die Wartung des Systems benötigte Arbeitszeit verringern. Es wird dabei helfen, Virus- und Sicherheitsprobleme zu vermeiden.

Kurz gesagt, hier haben wir die Kernkomponenten des Managed Service. Sie erhalten im Voraus eine Pauschalgebühr für die komplette Wartung. Wenn Sie gute Arbeit leisten und Problemen zuvorkommen, können Sie den Großteil Ihres Geldes behalten. Wenn Sie keine gute Arbeit leisten, geht etwas kaputt und Sie müssen es reparieren.

Auch im Managed Service-Modell werden noch in Rechnung zu stellende Leistungen anfallen. Jedoch viel weniger als gewöhnlich, da der Wartungsanteil bereits mit der Managed Service-Komponente abgedeckt ist. Und natürlich werden gelegentlich Projekte anstehen, die komplett in Rechnung gestellt werden müssen, oft für eine Pauschalgebühr.

Option 3:   Ein Hybrid-Modell

Viele IT-Provider – vielleicht sogar die meisten – operieren mit einem Hybrid-Modell. Das bedeutet schlicht, dass einige Kunden über ein Break/Fix-Modell und andere über Managed Service beliefert werden.

In meiner perfekten Welt bezieht jeder meiner Kunden entweder Leistungen ausschließlich nach dem Break/Fix- oder ausschließlich nach dem Managed Service-Modell. Wenn nämlich eine Firma einen Managed Service erhält, dann hätten wir gern die totale Kontrolle über ihr System. Denn es wäre doch verrückt zu versuchen, den Überblick zu behalten, wenn die Hälfte der Geräte eines Kunden unter meinem Management stehen, die andere Hälfte aber nicht.

Ich würde also klar bevorzugen, dass jeder Kunde entweder dem Break/Fix-Modell (auf Anfrage) unterliegt oder komplett gemanagt wird. Unter diesem Vorbehalt können Sie gewiss ein Geschäft mit beiden Arten von Kunden machen.

Meiner Meinung nach sollte es das Ziel sein, all diese Break/Fix-Leute dazu zu bringen, einen Managed Service-Vertrag abzuschließen. Normalerweise gelingt das immer, wenn ein großes Projekt anfällt oder irgendeine große Katastrophe eingetroffen ist. Wenn Sie dem Kunden eine Rechnung aushändigen, die die Kosten eines Managed Service übersteigt – mit dem alles abgedeckt gewesen wäre – ist er viel eher dazu bereit, einen Vertrag abzuschließen, als das Risiko für eine erneute Katastrophe zu tragen.

Interessanterweise wird ein hybrider IT-Provider immer mehr Geld an seinen Break/Fix-Kunden verdienen als ein reiner Break/Fix-IT-Provider. Warum? Weil Sie über bessere Prozesse verfügen. Sie bieten einen wirklich besseren Service und managen diese Kunden ähnlich Ihren Managed Service-Kunden.

Das hat zur Folge, dass Ihre klugen Geschäftspraktiken diese Kunden profitabler machen. Ein weiteres Plus, seien wir doch ehrlich: Sie verschenken weniger Arbeitsstunden. Wenn Sie Kunden besitzen, die einen Recurring Revenue-Vertrag unterzeichnet haben und Ihnen gegenüber eine Verpflichtung eingegangen sind, werden Sie viel weniger bereit sein, kostenlose Arbeitsstunden an Leute zu verschenken, die diese Verpflichtung nicht eingegangen sind.

Als wir ein >radikales< Managed Service-Modell eingeführt haben, baten wir jeden Kunden, einen Vertrag über eine Recurring Revenue-Vereinbarung zu unterzeichnen. Von Kunden, die von einer solchen Vereinbarung nichts wissen wollten, trennten wir uns. Dabei handelte es sich um einen wirklich sehr großen Kunden und ein paar kleinere.

Ich bin ein großer Fan des reinrassigen Managed Service-Geschäftes. Das macht es viel leichter, Geschäften mit Leuten aus dem Wege zu gehen, die nur ein paar Hundert Dollar im Jahr ausgeben, aber glauben, Sie zu jeder Tages- und Nachtzeit anrufen zu können und auf alles, was Sie tun, eine lebenslange Garantie zu erhalten.

Andererseits erkenne ich voll und ganz an, dass es weise ist, an Leuten zu verdienen, die technischen Support nur auf Anfrage wollen. Ihr Geld ist auch nicht weniger wert. Und viele von ihnen zahlen eine Prämie, weil ihre Systeme nicht gewartet werden. Sie wissen das und sind bereit, dafür zu zahlen.

Ich werde niemals auf Sie hinabblicken, weil Sie deren Geld auf Ihrem Konto haben!

Stellen Sie einfach sicher, dass Sie die Kernkomponenten installiert haben, sodass selbst die B/F-Kunden aus geschäftlicher Sicht gut gemanagt sind. Stellen Sie sicher, dass Sie deren Geld rechtzeitig bekommen.

Und stellen Sie sicher, dass Sie keinen Support verschenken, der nur für Ihre Managed Service-Kunden gedacht war.

Das sollten Sie sich merken:

1. Es gibt sechs **beste Geschäftspraktiken**, die unbedingt zu befolgen sind: Halten Sie Ihre komplette Arbeitszeit fest; schließen Sie mit jedem Kunden Verträge ab (Servicerahmenverträge); lassen Sie sich für alles, was Sie tun, im Voraus bezahlen; haben und nutzen Sie ein Ticketing-System; haben und nutzen Sie ein Remote-Monitoring and Management-System und stellen Sie Ihre Rechnungen zu einem festgelegten, vorhersehbaren Zeitpunkt.

2. Der Schlüssel zu einem erfolgreichen Break/Fix-Geschäft liegt in dem Befolgen von Regeln und guten Angewohnheiten. Handeln Sie bewusst!

3. Patch-Management ist seinen Preis wert und Sie sollten es niemals als Teil eines Break/Fix-Modells verschenken. Monitoring, ja. Patch-Management nein.

Damit sollten Sie sich zusätzlich beschäftigen:

• Kostenlose "68-Point Checklist" unter www.SMBBooks. com – in der Free Stuff-Abteilung

7.   Managed Services und Cloud-Services

Managed Services hat sich in den letzten zehn Jahren als Geschäfts-modell und als Wirtschaftszweig recht gut entwickelt. Zur gleichen Zeit haben sich die Cloud-Dienste von Zukunftsgerede zu einem ausgereiften Service herausgeputzt. Und jetzt ist die größte Frage, die sich Managed Service Provider stellen: >Wie integriere ich Cloud-Dienste in meinen Managed Service?<

Einige Experten haben doch tatsächlich behauptet, Managed Ser-vice gehöre der Vergangenheit an. Ich denke, das ist absurd, aber ich bin kein Experte. Ich bin lediglich ein Realist, der unverschäm-tes Geld damit verdient hat, beides zu verkaufen: Managed Services und Cloud Services.

Es liegt ein kleines bisschen Ironie in der Tatsache, dass die erste Ausgabe dieses Buches im Jahr 2008 erschienen ist – dem Jahr, in dem meine Firma sich entwickelt und begonnen hat, all unsere Kleinstkunden von einem Cloudpaket zu überzeugen, das wir den Cloud Five Pack nennen.

Niemals ist uns in den Sinn gekommen, Managed Services und Cloud Services könnten auf irgendeine Art inkompatibel sein!

Lassen Sie mich dies ganz klar hervorheben: **Managed Services und Cloud Services passen perfekt zusammen!** Es sind keine mit-einander konkurrierenden Modelle. Sie müssen sich nicht für das eine oder das andere entscheiden. Beide bieten großartige Möglich-keiten, einen Haufen Geld zu verdienen. Und wenn Sie die beiden kombinieren, stehen Ihnen umso mehr Möglichkeiten des Geldver-dienens offen.

Zuvor habe ich das >Managed Service-Modell< schon einmal in Zusammenhang mit dem Einkauf im Großen und dem Wieder-verkauf im Kleinen erwähnt. Wie Sie im Verlauf des Buches noch sehen werden, ist dies ein Grundbaustein für die Profitabilität des Managed Service.

Der Cloud-Service weist eine ähnlich wichtige finanzielle Kom-ponente auf, die ihn ungeheuer erfolgreich macht. *Beim Cloud*

Service-Modell stehen die Kosten des Dienstes in keiner Relation zu dem Preis, den Sie in Rechnung stellen. Ein Beispiel soll es verdeutlichen.

Im klassischen Einzelhandelsmodell kaufen Sie ein Produkt für, sagen wir, $100 und schlagen Prozente auf. Zum Beispiel schlagen Sie 25% auf, dann verkaufen Sie es für $125. In diesem Fall beträgt Ihr Gewinn $25 oder 20% des Verkaufspreises.

Richtig oder?

Also, was ist an diesem Modell falsch? Nichts, wenn Sie lediglich Produkte verkaufen. Wenn Sie aber Produktivität und Fröhlichkeit und Betriebszeit verkaufen, brauchen Sie ein anderes Modell. Beim Cloud-Service verursachen die individuellen Komponenten sehr geringe individuelle Kosten. Doch für den Kunden besitzen sie als Ganzes ungeheuren Wert.

Sie kaufen zum Beispiel einen RMM (Remote Monitoring and Management) -Agenten für $1,50. Ich hoffe, Sie kommen nicht im Traum auf die Idee, Prozente aufzuschlagen und ihn so weiterzuverkaufen. Denn, selbst wenn Sie 100% aufschlagen, verdienen Sie nur $1,50 an etwas, das für den Kunden extremen Wert besitzt.

Ich schätze, dass mir ein durchschnittlicher RMM-Agent ungefähr 0,25 Arbeitsstunden pro Gerät pro Monat spart. Ich berechne $160 für eine Stunde meiner Zeit, also spart dieser Agent dem Kunden ungefähr $40 im Monat. Ich sollte diesem Kunden also mindestens $40 in Rechnung stellen! Wenn Sie in die Welt der Prozente zurückkehren wollen, wäre das ein Aufschlag von ungefähr 2,567%.

Aber warten Sie: Das ist noch nicht alles!

Wenn Sie Leistungen bündeln, können Sie das Bündel sogar noch teurer verkaufen. Ein Paket, dass RMM plus Spamfilter und eine gehostete Mailbox umfasst, kostet Sie vielleicht $10, doch Sie können es für jeden erdenklichen Preis verkaufen.

Wie Sie im Laufe der nächsten Kapitel sehen werden, plädiere ich dafür, Leistungen, die für den Kunden einen hohen Wert darstellen, Ihnen selbst aber nur wenig Kosten im Unterhalt und Verkauf verursachen, in Paketen zu bündeln. Da Sie von jedem Einzelteil des Pakets eine stets zunehmende Anzahl an Exemplaren verkaufen, erhalten Sie von den Providern automatisch drastische Preisnachlässe.

Aber warten Sie: Es wird noch besser!

Und hier ist ein Geschenk des Himmels, das die meisten Leute nicht erkennen, bis sie ungefähr fünfundzwanzig Cloud-Pakete entwickelt haben: **Nichts geht kaputt!** Okay, es besteht vielleicht eine klitzekleine Chance, dass irgendetwas irgendwo eines Tages versagt. Doch je mehr Sie die Kunden der Cloud anschließen, desto weniger Probleme haben diese.

In der Cloud steht einfach so Speicherplatz zur Verfügung, der einfach so funktioniert.

In der Cloud steht einfach so E-Mail zur Verfügung. Und es funktioniert.

In der Cloud steht einfach so Spamfilter zur Verfügung. Und er funktioniert.

In der Cloud steht einfach so Office 365 zur Verfügung. Und es funktioniert.

In der Cloud steht einfach so ein von ihr gemanagtes Anti-Virus zur Verfügung. Und es funktioniert.

In der Cloud stehen einfach so Web-Server zur Verfügung. Und sie funktionieren.

Etc., etc., etc.

Vielleicht reparieren Sie seit langem Computer und es fällt Ihnen schwer zu glauben, dass in der Cloud alles funktioniert. Doch so ist es nun einmal. Einige Dinge arbeiten anders als gewohnt (z.B. der Speicher), aber sie arbeiten.

Und deshalb sind Managed Services und Cloud-Services wie geboren dazu, in einem Paket glücklich zusammenzuleben! Wenn Sie alle Technologie, die ein Kunde benötigt, und jeglichen Support, um sie am Laufen zu halten, zu einem Paket zusammenfassen, können Sie einen angemessenen Preis fordern, eine Menge Geld verdienen und Ihren Kunden extrem glücklich machen.

Beim Einsatz eines Cloud-Service geht es wahrhaft um dessen Wert – nicht um transaktionale Pfennigfuchserei. Die Kunden denken nicht länger in Begriffen wie das gleiche >Produkt< zu einem niedrigeren Preis zu bekommen. Sie bedenken vielmehr ihre Produktivität und die Möglichkeit, ungestört ihre Arbeit erledigen zu können. Wenn nichts kaputt geht, steht es ihnen frei, jeden Tag ungehindert ihrem Job nachzugehen.

Und Sie steigen im Ansehen. Microsoft, Rackspace, Intermedia, AppRiver und andere erledigen die ganze Arbeit. Sie sammeln das Geld ein und tragen es auf Ihr Bankkonto. Weil einfach nichts kaputtgeht, machen Sie einen hohen Profit – der in keiner Relation zu den Kosten steht, die der Vertrieb des Service verursacht.

Vielleicht sind Sie noch nicht überzeugt?

Dann halten Sie an dieser Stelle inne. Ich werde Ihnen alle Einzelheiten liefern. Fürs Erste bewahren Sie sich bitte Ihren offenen Geist und glauben, dass es *möglich* ist, dass Sie ein Killerpaket kreieren können, das Ihnen hohen Gewinn einbringt.

Hausaufgabe: Falls Sie uns ein wenig voraneilen wollen, rate ich Ihnen, sich Accounts bei den folgenden Firmen anzulegen und ein bisschen mit deren Produkten herumzuspielen:

- Microsoft Azure
- Rackspace (O365, Speicher, E-Mail, etc.)
- Intermedia (O365, Speicher, E-Mail, etc.)
- AppRiver (O365, Speicher, E-Mail, etc.)
- JungleDisk (Speicher)
- DreamHost (Web-Hosting)

Sehen Sie sich auch den Quellenanhang mit der langen Liste an Produkten und Diensten an, die Sie vielleicht ausprobieren möchten.

Lassen Sie sich NICHT von der Vielzahl der Optionen überwältigen. Probieren Sie irgendetwas aus! Spielen Sie damit!

Und jetzt lassen Sie uns mit der wahren Arbeit beginnen …

Das sollten Sie sich merken:

1. Managed Services und Cloud-Services arbeiten perfekt zusammen.

2. Wenn Sie die richtige Kombination an Diensten ausgewählt haben, geht einfach nichts kaputt.

3. Beim Cloud-Service-Modell stehen die Kosten des Dienstes in keiner Relation zu dem Preis, den Sie in Rechnung stellen.

Damit sollten Sie sich zusätzlich beschäftigen:

- Microsoft Azure
- Rackspace
- Intermedia
- AppRiver
- JungleDisk
- DreamHost

Siehe auch den Anhang B: Erwähnte Produkte und Quellen.

III. Lassen Sie uns beginnen

8. Machen Sie sich einen Plan

Dieser Komplex teilt sich in drei Abschnitte:

1) Raffen Sie sich auf! Machen Sie sich einen Plan!

2) Regeln und Richtlinien

3) Seien Sie sich bewusst, was Sie über die Produkte und Leistungen wissen, die Sie verkaufen

Beginnen wir:

Zuerst: Raffen Sie sich auf!

Der erste wichtige Punkt für Ihren Erfolg bei diesem Projekt lautet schlicht: **Packen Sie es an!** Zögern Sie nicht! Verlieren Sie keine Zeit! Beginnen Sie heute und hören Sie nicht auf!

Sie müssen sich jeden Tag etwas Zeit nehmen. Tragen Sie stets einen Schreibblock bei sich und notieren Sie sich Ihre Ideen, Gedanken und Entscheidungen. Denken Sie daran: Verlieren Sie keine Zeit. Treffen Sie Entscheidungen und setzen Sie sie in die Tat um. Und haben Sie keine Angst. Jede Entscheidung lässt sich rückgängig machen.

Beginnen Sie, sich einen Plan zu machen. Schauen Sie nach vorn. Behalten Sie den bevorstehenden Prozess im Auge. Sie werden Ihre Angebote neu formulieren und sie standardisieren. Wahrscheinlich werden Sie Ihre Preise erhöhen.

Falls Sie bereits ein etabliertes Geschäft laufen haben, werden Sie sich von einigen Kunden befreien. Denken Sie darüber nach, an wen Sie diese verweisen können. Sie werden ein oder zwei Service-Rahmenverträge aufsetzen. Notieren Sie sich, was diese beinhalten sollen.

Bedenken Sie Ihre neue Preisgestaltung. Wie wird sie aussehen? Bilden Sie sich eine Meinung über Practice-Management-Software und Remote-Management- oder Patch-Management-Software.

All diese Entscheidungen müssen Sie nicht heute treffen. Beginnen Sie einfach damit, sie ernsthaft zu überdenken und machen Sie sich Notizen.

Zweitens: Regeln und Richtlinien

Hier sind einige Vorschläge, wie Sie sich Ihr Leben erleichtern und Ihrem Geschäft zu einem reibungsloseren Ablauf verhelfen können. Falls Sie diese Regeln und Richtlinien nicht schon längst in die Tat umgesetzt haben, lege ich es Ihnen sehr ans Herz.

Die Richtlinien haben alle etwas mit **Cashflow** zu tun, der Ihr Unternehmen töten kann, wenn Sie zu schnell wachsen und kein System installiert haben, um Ihr Geld im Voraus zu erhalten.

Viele Consultants arbeiten mit Zahlungsfristen von 20 oder 30 Tagen. Dies ist im Falle von Software und Hardware unmöglich. Fürchten Sie nicht, weniger zu verkaufen. Gehen Sie davon aus, dass die Kunden ihr >Okay< geben werden. Immerhin müssten Sie eine Kreditkarte online benutzen, wenn Sie nicht bei Ihnen kaufen.

Hier sind Ihre neuen Richtlinien für Ihren Erfolg:

1. Hardware und Software müssen im Voraus bezahlt werden. Der Prozess ist einfach. Sie machen dem Kunden ein Preisangebot. Der Kunde unterzeichnet es und schickt es zusammen mit seinen Kreditkarten-/ACH-Zahlungsinformationen per E-Mail oder E-Fax an Sie zurück (später mehr darüber). Oder der Kunde mailt Ihnen einen Scheck. Sobald das Geld bei Ihnen eingegangen ist, bestellen Sie die Produkte.

2. Alle Verträge müssen im Voraus bezahlt werden. Die eine Option besteht in Kreditkartenzahlungen, die Ihnen den Geldeingang zum jeweils ersten eines Monats garantieren. Die zweite Option sind Schecks, mit denen Sie sich drei Monate im Voraus bezahlen lassen.

3. Daneben werden immer noch Projektarbeiten anfallen, die nach Stunde bezahlt werden (alles, was nicht unter die

Pauschalgebühr des Servicerahmenvertrags fällt). Dieses Geld sollte innerhalb von 20 Tagen auf Ihrem Konto gutgeschrieben werden.

4. An jedem ersten eines Monats verlangen Sie Verzugszinsen für alle überfälligen Gelder. Das werden Sie durchsetzen. Erkundigen Sie sich, ob nach gültigem Recht in Ihrem Land dafür ein unterzeichneter Vertrag vorausgesetzt wird.

5. Alle Kunden müssen einen Service-Rahmenvertrag unterzeichnen. Dies hätten Sie schon von Anfang an tun sollen.

Natürlich können Sie all dies nicht über Nacht erledigen. Aber beginnen Sie heute noch damit, diese einfachen Regeln zu befolgen. Ihre Kunden werden nicht einmal mit der Wimper zucken, denn dies sind äußerst angemessene Geschäftsabläufe. Der Fremde, der mit Ihren Kunden einen Vertrag über das Tuning des Fotokopierers abschließt, handelt schon längst nach diesen Richtlinien. Und Sie als vertrauenswürdiger Geschäftspartner werden bestimmt keine Probleme damit haben.

Drittens: Seien Sie sich bewusst, was Sie über das wissen, was Sie verkaufen.

Der nächste Schritt nimmt etwas mehr Zeit in Anspruch. Falls Sie noch keine finanzielle Analyse dieser Art vorgenommen haben, halte ich es für eine gute Idee, damit zu beginnen, zumindest einmal im Monat solche Berichte zu erstellen.

Das Ziel ist herauszufinden, woher Ihr Geld kommt. Das heißt, wo es *wirklich* herkommt. Wir alle stellen Vermutungen darüber an, welcher unserer Kunden am >wichtigsten< ist und welcher den Laden am Laufen hält. Jedes Mal, wenn ich eine Liste unserer >Top Ten< -Kunden erstelle, sind meine Mitarbeiter überrascht, wer sich dort platzieren konnte.

Die folgenden Erläuterungen stützen sich auf die Nutzung von QuickBooks, denn das ist die Software, die wir zu diesem Zweck benutzen. Falls Sie eine andere Software nutzen, übertragen Sie die

Anforderungen auf diese und finden heraus, wie Sie die gleichen Berichte generieren können.

Anmerkung: Wie Sie die richtigen Daten sammeln

Wenn Sie etwas verkaufen, müssen Sie das Produkt seiner korrekten Kategorie zuordnen, um die richtigen Daten sammeln zu können. Die meisten Leute benutzen entweder zu viele Kategorien an Verkaufsposten oder zu wenige. Wir benutzen die folgenden:

- Hardware
- Software
- Sonstiges
- Leistung – nach Stunden
- Leistung – MSA (Managed Service Agreement)

Wenn Sie bereits beim Verkauf die richtige Zusammenstellung an Kategorien benutzen, sind Sie später in der Lage, die richtigen Daten zu ziehen, wenn Sie Berichte erstellen. Wenn Sie jedoch keinen angemessenen Satz an Kategorien nutzen, werden die Berichte weniger nützlich sein und Sie müssen ein wenig tiefer graben.

Beginnen Sie umgehend damit, die oben genannten Kategorien zu benutzen. Fragen Sie Ihren Steuerberater um Hilfe, falls nötig.

Und jetzt lassen Sie uns ein paar Daten aus dem System ziehen, Ihren Bedürfnissen angepasst und auf Ihre bereits existierenden Kategorien übersetzt.

Report 1:   Verkaufsanalyse nach Artikel

Tastatureingabe: Gehen Sie in Quickbooks auf das Menü *Reports,* wählen Sie *Sales* und dann *Sales by Item Summary.*

In Quickbooks-Online gehen Sie auf die Spalte *Reports* und wählen *Review Sales*, dann *Sales by Product/Service Summary*.

Fragestellung: Wo machen Sie Ihr Geld? Betrachten Sie Ihre Daten und finden Sie die wichtigsten Sektoren heraus, in denen Sie Ihr Einkommen erzielen.

Dabei interessiert uns hauptsächlich Ihre *Arbeitsleistung*. Wir gehen nämlich davon aus, dass Hardware und Software zu einem attraktiven Preis verkauft werden und aus den Servicerahmenverträgen herausfallen, die Sie mit Ihren Kunden abschließen.

Also, innerhalb der Kategorie *Leistung*: Wie viel verdienen Sie über Stundenlohn und wie viel über Pauschalgebühren oder feste Preise?

Report 2:   Verkäufe pro Kunde

Tastatureingabe: Gehen Sie in Quickbooks zu dem Menü *Reports*, wählen Sie *Sales* und dann *Sales by Client Summary*. In Quickbooks-Online gehen Sie zur Spalte *Reports*, wählen *Review Sales* und dann *Sales by Customer Summary*.

Fragestellung: Mit wem verdienen Sie Ihr Geld?

Geben Sie einfach ein: Wer ist mein größter Kunde? Wieviel Prozent meiner Einkünfte beziehe ich von ihm? Der zweitgrößte? Prozentsatz? (Und so weiter.)

Die meisten Consultants können ihren besten Kunden benennen. Doch die meisten können ihre Top Ten NICHT benennen. Es überrascht sie sogar, dass #5 oder #6 überhaupt auf der Liste erscheinen! Denken Sie immer daran, auf psychologischem Wege steigt die Wichtigkeit, die Sie einem Kunden unterstellen, wenn dieser sich oft beschwert und viel Aufmerksamkeit in Anspruch nimmt oder Sie auf andere Art von seiner Wichtigkeit überzeugt. Doch wenn dieser Kunde am Ende des Jahres weniger eingebracht hat als einer, der seine Rechnung stets begleicht und sich niemals über etwas beklagt, sollten Sie sich auf die Realität besinnen, anstatt sich auf Ihre Wahrnehmung zu verlassen.

Report 3: Erstellen Sie einen Kundenreport – Verkauf von Arbeitsleistung pro Kunde

Fragestellung: Auf Arbeitsleistung beschränkt, wer sind meine größten Kunden?

Dazu müssen Sie einen individuell angepassten Report erstellen. So geht es:

Gehen Sie in Quickbooks zum Menü *Reports*, wählen Sie *Sales*, dann *Sales by Customer Detail*. Modifizieren Sie die Filter folgendermaßen: In der Kategorie *Items* wählen Sie nur Ihre Leistungs-Items. In der Kategorie *Name* wählen Sie nur einen Kunden. In der Registerkarte entfernen Sie alle Spalten, die Sie nicht brauchen (wie margin, balance etc.). Ändern Sie das Datum auf die letzten zwölf Monate.

In Quickbooks-Online erstellen Sie zuerst den detaillierten Report für einen Kunden, exportieren ihn zu Excel und manipulieren ihn dort.

Erstellen Sie den Report für einen Klienten. Sie erhalten die Summe, die dieser in den letzten zwölf Monaten für Arbeitsleistung ausgegeben hat. Wiederholen Sie dasselbe für jeden Kunden.

Erstellen Sie eine Tabelle mit diesen Informationen:

ABC Company	$27,955
DEF Company	$24,345
GHI Company	$24,290
JKL Company	$23,210
MNO Company	$21,230

Sie verstehen, was ich meine.

Am Schluss wissen Sie genau, was Ihre Kunden wirklich bei Ihnen ausgeben. Mit Sicherheit werden Sie einige Überraschungen erleben. Wir haben Kunden, die niemand von uns unseren Top Ten zugeordnet hätte. Doch es stellte sich heraus, dass Sie regelmäßig bei uns Geld ausgeben und sich niemals darüber beklagen. Wir wollen noch mehr solcher Kunden!

Sortieren Sie Ihre Kunden in absteigender Rangfolge basierend auf der Summe, die sie für Serviceleistungen an Sie bezahlt haben. Stellen Sie sicher, dass die Spalte am Ende 100% ergibt.

Nun beginnen Sie am Anfang der Spalte und ziehen Grenzen für die Top 10% aller Verkäufe, top 20%, top 30%, etc. Die meisten SMB-Consultants werden herausfinden, dass ihre TOP Ten-Kunden mehr als 50% ihres Einkommens bestreiten, wenn nicht gar 90%.

Ziehen Sie auch einige nette schwarze Linien: Falls Sie Kunden besitzen, die Ihnen quasi nichts zahlen, aber Sie einige Mühe kosten, müssen Sie diese unbedingt fallen lassen. Geben Sie sie an andere Consultants weiter, die sich auf dieses Geschäft konzentrieren wollen.

Einige Grenzen werden recht offensichtlich festzulegen sein. Wenn Sie einen Kunden mit $100.000, dann einen mit $50.000 und einen mit $25.000 haben, liegt deren Ranking klar auf der Hand. Ähnlich ziehen Sie vielleicht Grenzen bei $1000, $2000 und $3000. Wie klein darf Ihr kleinster Kunde sein?

Sie müssen jetzt noch keine Entscheidungen treffen. Doch erstellen Sie die beschriebenen Berichte und weitere, die Ihnen vielleicht einfallen. Verschaffen Sie sich ein realistisches Bild, von wo Ihr Geld kommt. Beginnen Sie, Ihre Kunden aus deren finanzieller Perspektive zu betrachten.

Erstellen Sie diesen Report für jeden Kunden. Bewahren Sie diese Berichte gut auf. Wenn die Zeit kommt, Servicerahmenverträge abzuschließen, werden die Kunden Ihnen die Frage stellen: >Was habe ich letztes Jahr an Sie gezahlt?< Das bedeutet nicht, dass Sie dann eine niedrigere Summe anbieten müssen. Rechnet der Kunde, wenn Sie das Treffen vereinbaren, doch bereits damit, dass Sie die Preise erhöhen. Die Frage lautet vielmehr: Um wieviel?

Die so generierten Zahlen werden Ihnen außerdem dabei behilflich sein, ein dreistufiges Serviceangebot zu entwickeln, das sich mit den Erwartungen der Kunden in Einklang bringen lässt.

Hier gibt es eine Menge zu tun. Kommen Sie zur Sache. Erfinden Sie keine Ausreden und drücken Sie sich nicht davor.

Falls Sie die gewünschten Informationen nicht besitzen, verzagen Sie nicht! Kaufen Sie Quickbooks oder abonnieren Sie Quickbooks-Online und beginnen Sie noch heute damit, es zu benutzen!

Anmerkung: Ich möchte im Umgang mit Ihrem Geld nicht leichtfertig erscheinen. Es gefällt mir ganz und gar nicht, dass Quickbooks überteuert ist und es ziemlich nervt, mit Intuit Geschäfte zu machen. Doch es ist DAS Produkt für das Management Ihrer Finanzen. Also beißen Sie in den sauren Apfel! Falls Sie Quickbook nicht schon haben, kaufen Sie es!

Denken Sie daran, falls Sie diese Information nicht haben, bedeutet das lediglich, dass Sie >Managed Service Provider (MSP) in 1 Monat< durcharbeiten und diese Prozesse einleiten müssen.

"E-Mail Posteingang"

Antwort bezüglich Cash-Flow

Ken fragt nach dem Cashflow im Übergangsstadium zum Managed Service. Eine gute Frage, die eine längere Antwort verlangt.

Einige Gedanken.

Erstens, der Wechsel zur Prepaid-Zahlung wird Ihnen einen Zustrom an Geld verschaffen.

Zweitens, wenn Sie auf einen pauschal berechneten Managed Service umstellen, werden Sie einen weiteren finanziellen Zufluss erleben.

Drittens, Ihre einzige wirkliche Sorge gilt dem etwaigen Verlust von Kunden.

Betrachten wir diese drei Punkte etwas näher.

Erstens: Der Wechsel zur Vorauszahlung wird Ihnen einen Zustrom an Geld bescheren. So funktioniert es:

Alter Zahlungsplan (Nehmen wir an, jeder zahlt $500):

Kunde 1 Rechnung vom 1.8.	fällig 1.8.	zahlt am 30.8.
Kunde 2 Rechnung vom 1.8.	fällig bei Erhalt	zahlt am 5.8.
Kunde 3 Rechnung vom 1.8.	fällig bei Erhalt	zahlt am 10.8.
Kunde 4 Rechnung vom 1.8.	fällig bei Erhalt	zahlt am 20.8.
Kunde 5 Rechnung vom 1.8.	fällig 20.8.	zahlt am 10.8.
Kunde 6 Rechnung vom 1.8.	fällig 20.8.	zahlt am 15.8.

Also sehen Ihre Einnahmen/Ausgaben folgendermaßen aus:

Die Leistungen wurden im August erbracht. Nehmen wir an, Sie haben Angestellte, denen Sie von diesen erwarteten Einnahmen von $3000 Arbeitslohn in Höhe von $1800 zahlen müssen. Sie bezahlen Ihre Angestellten pünktlich.

Kontostand 1.8.:		– $1,800
Einzahlung 5.8. =	$500	
Kontostand 5.8.:		– $1,300
Einzahlung 10.8. =	$1,000	
Kontostand 10.8.:		– $300
Einzahlung 15.8. =	$500	
Kontostand 15.8.:		$200
Einzahlung 20.8. =	$500	
Kontostand 20.8.:		$700
Einzahlung 30.8. =	$500	
Kontostand 30.8.:		$1,200

Und nun das Gleiche noch einmal mit **Vorauszahlungen**:

Kunde 1 Rechnung vom 15.7.	fällig 1.8.	zahlt 30.7.
Kunde 2 Rechnung vom 15.7.	fällig 1.8.	zahlt 31.7.
Kunde 3 Rechnung vom 15.7.	fällig 1.8.	zahlt 01.8.
Kunde 4 Rechnung vom 15.7.	fällig 1.8.	zahlt 01.8.
Kunde 5 Rechnung vom 15.7.	fällig 1.8.	zahlt 02.8.
Kunde 6 Rechnung vom 15.7.	fällig 1.8.	zahlt 03.8.

Also sehen Ihre Einnahmen/Ausgaben folgendermaßen aus:

Ausgaben im Aug. führen zu		– $1,800
Eingang am 1.8. =	$2,000	
Kontostand 1.8.:		$200
Eingang am 3.8.=	$1,000	
Kontostand 3.8.:		$1,200

Wir alle wissen, dass Sie am Ende dieselbe Geldsumme einnehmen. Aber mit Vorauszahlungen erreichen Sie Ihren positiven Kontostand von $1200 siebenundzwanzig Tage früher.

Die meisten Unternehmer erkennen zu spät, **wie sehr Ihr Cashflow bedroht ist**, wenn Sie mit Zahlungen rechnen, die längst fällig sind. Am Schluss läuft es darauf hinaus, dass Sie sich *Geld leihen* müssen. Sie bezahlen mit Ihrer Kreditkarte. Sie ziehen Geld aus dem Kreditrahmen Ihres Unternehmens.

Schauen Sie sich die Tabellen weiter oben an! Möchten Sie bereits vor dem 15. einen negativen Cashflow aufweisen? Wo soll das Geld herkommen? Überlegen Sie sich auch, Ihren Zahltag auf den 5. eines Monats zu verlegen. Wenn Sie das tun (in diesem Beispiel), wird Ihr Cashflow niemals ins Negative abrutschen, denn auf Ihrem Bankkonto befinden sich bereits $3000, bevor Sie $1800 zahlen müssen.

Unterm Strich heißt das: Wenn Sie Kunden auf Vorauszahlung umstellen, fließt Ihr Geld schneller. Es sitzt auf Ihrem Bankkonto anstatt auf denen der Kunden.

Es gibt noch zwei weitere Vorteile der Prepaid-Methode, auf die wir jedoch nicht näher eingehen werden.

Zweitens: Wenn Sie auf pauschal berechneten Managed Service umgestellt haben, steht Ihnen eine weitere Geldschwemme ins Haus. Zweierlei passiert, wenn Sie beginnen, solche Rahmenverträge abzuschließen, die für den Service Pauschalgebühren verlangen.

Nummer 1: Sie werden eine Einrichtungsgebühr verlangen. Nun, um bei der Wahrheit zu bleiben, hier können Sie sich Flexibilität zugunsten von Kundenfreundlichkeit leisten.

Nehmen wir an, Ihre Setup-Gebühr beträgt 50 % der monatlichen Pauschalgebühr.

Auf die können Sie verzichten, wenn es sich um einen großarti-gen Kunden handelt, der immer pünktlich gezahlt und sich bereits Continuum, Solarwinds etc. hat einrichten lassen. Wie auch immer Ihre Entschuldigung lauten mag, wenn Sie dem Kunden dieses Geld >zurückgeben< wird er das sehr zu schätzen wissen.

Doch zu Beginn eines Monats, und wenn es sich um einen durch-schnittlichen Kunden handelt, erheben Sie auf jeden Fall diese Setup-Gebühr. Das kann wirklich sehr hilfreich sein, um die Kos-ten des laufenden Monats zu decken.

Also bekommen Sie über die Setup-Gebühren ein wenig Geld her-ein. So weit, so gut.

Nummer 2: Wenn ein Kunde einem pauschal berechneten Service zustimmt, steigt er auf den Prepaid-Bus. Es gibt zwei Mög-lichkeiten. Entweder gibt er Ihnen eine Kreditkarte und Sie richten einen Dauerauftrag ein - normalerweise werden solche Zahlungen zum ersten eines Monats veranlasst und gehen innerhalb von 2-3 Arbeitstagen auf Ihrem Konto ein.

Oder, falls ein Kund nicht mit Kreditkarte bezahlen will, besteht die Möglichkeit, per Scheck im Voraus zu bezahlen. Wir verlangen eine Zahlung für drei Monate im Voraus. Die wenigsten Leute greifen auf diese Möglichkeit zurück, doch diejenigen, die es tun, händigen Ihnen einen Scheck über die dreifache Höhe Ihrer monatlichen Gebühren aus.

Na, wenn das kein Cashflow ist!

Drittens: Sie machen sich Sorgen, Kunden zu verlieren.

Ken: Ich kenne Sie. Ihre Kunden mögen Sie und wollen, dass Sie weiterhin ihre IT-Abteilungen zu Ihnen auslagern können. Daher wollen die Kunden Sie nicht verlieren. Falls Sie einen Kunden also nicht verjagen, wird er Ihnen nicht verlorengehen.

Stellen Sie den Kunden nicht vor die Entscheidung: >Unterzeichnen Sie den Vertrag oder ich werde Sie fallenlassen!< Formulieren Sie stattdessen so: >Wollen Sie, dass ich weiterhin den Service für Ihre Computer übernehme?< Ja!

>Also gut. Es gibt drei Optionen. Lassen Sie mich zuerst darlegen, warum ich glaube, dass Platinum die beste Möglichkeit für Ihr Unternehmen darstellt ...<

Ich muss Ihnen an dieser Stelle ehrlich sagen, es wird einige Kunden geben, die Sie loswerden müssen. Das werden wir noch besprechen.

Aber Sie werden erstaunt sein, wie viele mittelmäßige Kunden einen Platinumvertrag abschließen werden, nachdem Sie sich diesen gegenüber jahrelang nur allzu fair verhalten haben! Und wenn Sie diese Kunden fragen, warum sie in der Vergangenheit solche Geizhälse gewesen sind, jetzt aber den Vertrag unterzeichnet haben, werden sie sagen: >Sie haben mich noch niemals zuvor gebeten, einen Platinumvertrag abzuschließen.<

Jedes Wachstum schließt das Überwinden der Angst mit ein

Ken, Sie sitzen jetzt seit Jahren hinter diesem Zaun. Langsam muss das doch etwas unbequem werden. Versuchen Sie es doch mal!

Ich fordere lediglich von Ihnen, EINEN Service-Rahmenvertrag bis zum Ende des Monats abzuschließen! EINEN. Das schaffen Sie locker.

Er wird nicht Ihren Cashflow durcheinanderbringen und auch nicht Ihr Unternehmen ruinieren.

Tun Sie es einfach!

Danke für die großartige Frage. Doch halten Sie sich nicht zu lange auf. Erstellen Sie die Berichte und Recherchen, die wir weiter oben vorgestellt haben, sodass Sie bald für Abschnitt V bereit sind.

In Kapitel III., 11 werden wir uns damit beschäftigen, eine dreistufige Preisstruktur zu entwickeln. Nur Geduld. In der Zwischenzeit werden wir den oben dargestellten Prozess aus der Sicht eines Consultants betrachten, der gerade neu in dieses Geschäft einsteigt.

Das sollten Sie sich merken:

1. Das Wichtigste bei diesem Projekt ist: Tun Sie es! Beginnen Sie! Zögern Sie nicht!

2. Damit Sie die nötigen Berichte generieren können, müssen Sie während des Verkaufsprozesses die Informationen korrekt in Quickbooks eingeben.

3. Rechnen Sie mit einem Geldzufluss, wenn Sie zum pauschal in Rechnung gestellten Managed Service wechseln. Erstens gibt es die Vorauszahlungen und zweitens die Set-up-Gebühren.

Damit sollten Sie sich zusätzlich beschäftigen:

- Continuum – www.continuum.com
- SolarWinds MSP – www.solarwindsmsp.com
- QuickBooks – www.quickbooks.com
- QuickBooks Online – www.quickbooks.intuit.com
- SOP Friday blog posts – www.SOPFriday.com

9. Sie sind Neueinsteiger ohne Kunden, die Sie umstellen müssen

Viele Leute fragen mich, ob dieses Buch neuen IT-Beratern dabei behilflich sein kann, ein Unternehmen als Managed Service Provider zu starten. Um ehrlich zu sein, muss ich zugeben, dass die erste Auflage sich so sehr auf bereits bestehende Unternehmen konzentriert hat, dass es neuen Consultants wahrscheinlich nur zu 50% eine Hilfe war.

Obwohl es genügend Ratschläge beinhaltete, die jedermann nützlich sein konnten, waren Neueinsteiger nicht gerade die Zielgruppe. In dieser zweiten Auflage wende ich mich gleichermaßen an beide Gruppen. Daher beinhaltet sie einige neue Kapitel, die speziell für neue IT-Unternehmen geschrieben wurden, einschließlich des laufenden Kapitels.

Falls Sie noch niemals eine Firma geführt haben, wissen Sie manchmal nicht, wo Sie beginnen sollen oder was genau Sie überhaupt tun wollen. Sie sind gut im Umgang mit Computern und Netzwerken. Ihnen gefällt diese Welt als Hobby und als Beruf. Aber wie baut man ein Geschäft auf?

Es gibt ganze Bücher zu dem Thema, wie man ein Geschäft aufbaut – sogar speziell zu der Frage, wie man eine IT-Consulting-Firma startet. Daher habe ich nicht vor, das Thema umfassend zu erörtern. Nichtsdestotrotz will ich versuchen, insbesondere denjenigen ein paar gute Ratschläge mit auf den Weg zu geben, die Managed Service Provider werden wollen.

Bitte lesen Sie: *The E-Myth Revisited*

Das beste Buch, das ich gelesen habe, als ich in dieses Geschäft eingestiegen bin, war *The E-Myth Revisited* von Michael Gerber. Noch heute schätze ich mich glücklich, dass mir dieses Buch so zeitig in die Hände fiel. Es steckt voll guter Ratschläge. Doch konzentrieren wir uns auf drei, die ich am meisten schätze:

1. Um Erfolg zu haben, müssen Sie Zeit investieren, um AN Ihrem Geschäft und nicht, IN Ihrem Geschäft zu arbeiten.

2. Nur weil Sie über einige Fähigkeiten verfügen, heißt das noch lange nicht, dass Sie ein/e gute/r Geschäftsmann/-frau sind.

3. Standardisieren und systematisieren Sie alles, was möglich ist. Und alles meint wirklich alles.

100% meiner neuen Coaching-Kunden wissen, dass Sie zu viel Zeit >in< ihrem Geschäft verbringen, anstatt >an< ihrem Geschäft zu arbeiten. 100% von ihnen können nur auf wenige oder keine Standard-Operating-Procedures oder Business- Processes (Geschäftsprozessmanagement) zurückgreifen. 100% von ihnen haben erkannt, dass die geschäftliche Seite ihres Business eine Menge Unterstützung benötigt.

Ich verzichte hier darauf, mich all dem Kleinkram zu widmen, mit dem Sie sich beschäftigen müssen, wenn Sie ein Geschäft beginnen. Denn es ist ziemlich einfach, ein Geschäft zu beginnen, die Lizenzen zu bekommen, die Sie benötigen, die Produkte zu finden, die Sie verkaufen wollen und das Geschäft ins Laufen zu bringen. Viel schwerer ist es jedoch, sich von Anfang an auf die *richtigen Punkte* zu konzentrieren.

Es gibt sechs Grundsteine, die Sie setzen müssen, bevor Sie Ihr erfolgreiches Managed Service-Unternehmen aufbauen können:

Erstens: Definieren Sie Ihr persönliches Ziel und Ihren Lifestyle.

Zweitens: Definieren Sie Zweck und Ziel Ihrer Firma.

Drittens: Finden und implementieren Sie ein Remote- Monitoring and Management (RMM)-Tool, um Ihre Dienste zu vertreiben.

Viertens: Finden und implementieren Sie ein Professional-Services-Automation (PSA)-Tool, um Ihr Geschäft zu fahren.

Fünftens: Richten Sie sorgfältig Ihr Buchhaltungs-Tool ein (z.B. Quickbooks), sodass Sie die finanzielle Gesundheit Ihres Unternehmens monitoren und strategische Pläne entwerfen können.

Sechstens: Entwickeln Sie konsequent Prozesse und Prozeduren, damit Ihr Geschäft stets gut läuft – mit oder ohne Sie.

Auf dieses Fundament stützen sich viele Aktivitäten. Und jeder dieser sechs Grundbausteine geht mit vielen Details einher, denen Sie Ihre Aufmerksamkeit schenken müssen. Zusätzlich werden Sie vielleicht noch andere Ziele verfolgen. So mögen Sie sich zum Beispiel dazu entscheiden, einen seriösen Verkaufs- und Marketingplan zu entwickeln. Falls Sie das tun, wird dieser Plan Prozesse fordern, die Ihr Unternehmen vorwärts bringen und wachsen lassen.

In diesem Buch geht es im Wesentlichen darum, wie man die richtigen Tools auswählt (RMM, PSA, Buchhaltung). Die folgenden Kapitel werden sich bis zu einem gewissen Maße mit allen sechs Punkten beschäftigen.

Mit der Zeit, wenn Sie ein Managed Service Provider geworden sind und all diese Grundbausteine installiert haben, werden Sie sich noch um hunderte weitere spezielle Details kümmern müssen. Doch sobald Sie erst einmal die Grundlagen geschaffen und Ihren ersten Vertrag abgeschlossen haben, werden Sie in kürzester Zeit erstaunliche Fortschritte machen.

Und ja! Sie können innerhalb nur eines Monats ein Managed Service Provider werden!

Ihr Fahrplan zum Erfolg

Der wichtigste Schritt auf dem Weg zum Erfolg besteht darin, einen Fahrplan zu erstellen. Das bedeutet, Sie brauchen eine persönliche Mission, eine persönliche Vision für die Zukunft. Das wird Sie zu bestimmten Zielen leiten. Wenn Sie nicht wissen, *warum* Sie dies alles tun, sollten Sie es lieber schnellstens herausfinden.

Wenn Sie nicht wissen, warum Ihr Geschäft existiert und was Sie von ihm erwarten, können Sie Ihre Ziele nicht erreichen! Sie wissen nicht, wohin Sie gehen, wie Sie dorthin kommen sollen oder ob Sie bereits dort angekommen sind!

Ihre Kernziele können sich nicht um Geld drehen. Geld können Sie mit allen möglichen Tätigkeiten verdienen. Die wichtigste Frage ist: Warum wollen Sie Geld verdienen? Lifestyle? Ruhestand? Reisen? Wohltätigkeitszwecke?

Sobald Sie wissen, warum Sie arbeiten, können Sie herausfinden, warum Ihr Geschäft existiert. Sobald Sie über einen Fahrplan verfügen, werden Sie in der Lage sein, herauszufinden, warum Ihr Geschäft existiert. Sobald Sie über einen Fahrplan verfügen, werden Sie in der Lage sein, herauszufinden, was Sie tun und was Sie nicht tun sollten.

Es gibt Unmengen von Büchern über Zielsetzung und Work-Life-Balance (siehe die Quellenangaben am Ende des Kapitels). Fürs Erste ermutige ich Sie schlicht, dies ernst zu nehmen und daran zu arbeiten. Es kann wirklich Ihr Leben verbessern und Ihrem Geschäft zum Erfolg verhelfen.

Bitte lassen Sie sich nicht auf das Break/Fix-Modell ein!

Wenn es darum geht, sich ein Geschäftsmodell zu wählen, gebe ich den Leuten gern zwei Ratschläge:

- Sie sind nicht darauf angewiesen, jeden Cent aufzuheben, den Sie finden.

- Sie sind nicht darauf angewiesen, jeden streunenden Hund aufzunehmen, der auf Ihrer Türschwelle erscheint.

Viele Leute steigen in dieses Geschäft ein, indem Sie jeden Auftrag annehmen, den Sie ergattern können. Dies ist die einzige verlockende *schlechte Angewohnheit*, die ein Geschäftsmann haben kann.

Sie ist das genaue Gegenteil von einer klaren, fokussierten Vision über Ihren Weg zum Erfolg.

Geschäftsleute belügen sich selbst, wenn Sie Break/Fix-Aufträge annehmen.

>Das mache ich nur vorübergehend.<

>Ich muss das machen.<

>Sobald ich erst einmal etabliert bin, werde ich das nicht mehr tun.<

Es ist beinahe wie eine Sucht. Sie werden in die Welt des Break/Fix hineingezogen und kommen nicht mehr heraus. Zuerst lügen Sie sich selbst an, dann Ihre Umgebung.

Ich sage Ihnen jetzt, warum Break/Fix so teuflisch ist. Erstens, ist es die am wenigsten effiziente Leistung, die Sie zu verkaufen haben. Es nimmt all Ihre Zeit und Aufmerksamkeit in Anspruch für jede Stunde, die Sie in Rechnung stellen. Und tatsächlich, zweitens, stellen Sie weniger Stunden in Rechnung als Sie arbeiten, weil …

Drittens kaufen die Kunden mit der Break/Fix-Mentalität und die Leute, die Reparaturen so lange wie möglich aufschieben, stets das Billigste und verlangen noch obendrein, dass Sie dieses Zeug bis in alle Ewigkeit betreuen.

Viertens ist jede Stunde, die Sie für diese Break/Fix-Geizhälse arbeiten, eine Stunde, die Sie dazu nutzen könnten, einen Managed Service-Kunden zu finden, der gewillt ist, mindestens $1000 monatlich an Sie zu zahlen.

Hier die absolute Wahrheit, die Sie entweder jetzt gleich akzeptieren oder mühsam über die Jahre erlernen: *Es gibt Leute, die in Technologie investieren, und Leute, die widerstrebend Geld für Technologie ausgeben.*

Leute, die gewillt sind, Geld auszugeben, können Sie reich machen. Wenn Sie lediglich Leute bedienen, die nur widerwillig Geld ausgeben, werden Sie um Ihr Überleben kämpfen müssen. Das ist keinesfalls übertrieben. Es sind schon Leute in dieses Geschäft mit der Annahme eingestiegen, reich zu werden, wenn Sie $100/Stunde verlangen. Doch jeden Monat kämpfen Sie erneut darum, Ihre Rechnungen zu bezahlen!

Als technischer Consultant haben Sie mit Menschen zu tun – Sie liefern Dienstleistungen. Wahrscheinlich mögen Sie Menschen mehr als die meisten Nerds, denn sonst hätten Sie sich gewiss einen anderen Beruf gewählt. Wenn also diese besagten Break/Fix-Kunden vor Ihrer Tür stehen, möchten Sie ihnen gern helfen. Zweierlei spielt sich jetzt ab:

Erstens: Sie kommen mit einem Problem zu Ihnen. Und Sie können das Problem lösen. Zweitens: Ihnen ist sofort klar, dass Sie etwas Geld verdienen können. Einhundert, zweihundert, vielleicht sogar fünfhundert Dollar. Dies ist das Syndrom des verlassenen Welpen: Hier ist ein armer Kerl, dessen Server zusammengebrochen ist und Sie können ihn reparieren. Selbst wenn Sie das Geld nicht brauchen – oder erkennen, dass Sie das Falsche tun – da steht ein Kerl vor Ihnen mit traurigen Welpenaugen, der nicht weiß, wie er seinen Computer wieder heil bekommt.

Es bedarf Engagement und Entschlossenheit gegenüber Ihrem eigenen Erfolg, um diesem Kerl >nein< zu sagen. Das heißt, Sie müssen Ziele und einen Fahrplan bezüglich Ihres wahren Erfolgs haben. Als Existenzgründer mag es Ihnen vielleicht falsch erscheinen, auf Geld zu verzichten. Aber Sie müssen an Ihre Vision und an Ihren Plan glauben.

Es wird Ihnen helfen, der Verlockung zu widerstehen, wenn Sie einen Freund haben, der im Break/Fix-Geschäft sein will und jeden streunenden Hund aufnehmen wird. Schließen Sie sich also Ihrer lokalen IT-Pro-Gruppe an und machen Sie sich mit anderen Nerds bekannt.

Und glauben Sie mir: Wenn Sie Ihren ersten Managed Service-Vertrag abschließen und im nächsten Jahr mit einem garantierten Einkommen von $12.000 rechnen können, wird es Ihnen viel leichter fallen, nicht mehr jeden Cent am Wegesrand aufzuheben!

Auf diese Weise hat der Lärm um Break/Fix ein Ende.

Anmerkung: In Kapitel 17 werden wir einige der >besten Praktiken<, profitabel zu bleiben, ansprechen. Doch jetzt widmen Sie sich bitte den sechs Grundbausteinen, die wir oben besprochen haben. Verpflichten Sie sich dem Managed Service und schwören Sie Break/Fix ab. Bitte unterschätzen Sie sich nicht selbst und tappen Sie nicht in die Falle, die mit finanzieller Panik einhergeht.

Entwerfen Sie einen Plan und halten Sie daran fest. Stecken Sie 100% Ihrer Energie in die Suche nach einem Kunden, der Ihren ersten Vertrag unterschreibt. Zollen Sie diesem alle Aufmerksamkeit, die er benötigt, und dann widmen Sie 100% des Restes Ihrer Zeit der Aufgabe, den nächsten Kunden zu finden etc.

Das können Sie schaffen – und zwar sehr schnell.

Ein kluger Rat

Als alter Hase habe ich in diesem Geschäft schon viele Fehler gemacht und gesehen. Doch ich neige dazu, mich lieber auf das zu fokussieren, was funktioniert, da ich auf diese Weise wahrscheinlich eher jemandem helfen kann, als wenn ich ihm erzähle, was er nicht tun sollte.

Von Zeit zu Zeit lasse ich mich gern in ein Gespräch verwickeln, das mit der Frage eingeleitet wird: >Was würden Sie anders machen, wenn Sie heute ins Geschäft einsteigen würden?< Einige Ratschläge sind zeitgebunden, weil uns heutige Technologien damals teilweise noch nicht zur Verfügung standen. Doch der Großteil meiner Empfehlungen ist ziemlich universell.

Hier sind ein paar Punkte, von denen die Leute immer sagen, dass sie sie gern gekannt hätten, bevor sie ihr Geschäft aufgebaut haben.

- Konzentrieren Sie sich jederzeit auf die Aufgaben mit dem höchsten Wert. Verschwenden Sie nicht jeden Tag aufs Neue Ihre Zeit und wundern sich dann, warum Sie nicht vorwärts kommen.

- Grenzen Sie Ihr Geschäft so eng es geht ein (Finden Sie eine Nische). Ich weiß, es klingt kontra-intuitiv, wenn Sie gerade erst beginnen, doch es ist wahr.

- Umgeben Sie sich mit klugen, positiven, fröhlichen Menschen.

- Holen Sie sich professionelle Unterstützung stets bei den Besten (Buchhalter, Rechtsanwälte etc.), weil diese Ihnen auf lange Sicht Geld einsparen werden.

- Machen Sie niemals Geschäfte mit Freunden.

- Kommentar: Ich glaube, dies entspricht zu 90% der Wahrheit. Es gibt Ausnahmen, doch eine freundschaftliche Beziehung erschwert viele Ihrer geschäftlichen Entscheidungen.

- Stellen Sie niemals Familienmitglieder ein. Siehe oben.

- Kommentar: Grundsätzlich stimme ich dem zu. Doch irgendwie habe ich es geschafft, meinen Bruder Manuel Palaschuk einzustellen und ihn für 7-8 Jahre zu halten. Er hat Wunder für mein Geschäft gewirkt.

- Falls Sie mit Ihrem Ehepartner zusammenarbeiten, treffen Sie eine schnelle Entscheidung, ob dies persönlich und beruflich gut für Sie ist. Ich habe beides erlebt. Falls es schlecht ist, stellen Sie es sofort ein. Vielleicht retten Sie so Ihre Ehe und Ihr Geschäft.

- Gliedern Sie so viel wie möglich aus. Oder delegieren Sie so viel wie möglich. Fazit: Bewegen Sie andere dazu, Ihnen zu helfen, mehr zu schaffen.

- Angst ist das größte Hindernis für Erfolg.

- Sie müssen lediglich ein *bisschen besser* sein in dem, was Sie tun, um weit über anderen Leuten in Ihrem Geschäftsbereich zu rangieren. Die meisten Leute haben kein Ziel und können deshalb niemals herausragende Leistungen erzielen.

- Der richtige Zeitpunkt, um jemanden zu feuern, ist der, wenn Ihnen dieser Gedanke das erste Mal in den Sinn kommt. Danach kostet es Sie nur immer mehr Mühe, das Unvermeidliche zu akzeptieren.

- Seien Sie vorsichtig im Entgegennehmen von Ratschlägen. Jeder erzählt Ihnen gern, wie er macht, was er macht. Doch wenn so einer sich nur mühsam auf den Beinen hält, verzichten Sie auf dessen Ratschläge. Hören Sie auf erfolgreiche Leute.

- Dokumentieren Sie alles. Alles, was Sie tun. Alles, was Sie versprechen. Jeden einzelnen Prozess und jede Prozedur. Denn wenn Sie beginnen, erfolgreich zu sein, werden Sie sich klonen wollen. Das heißt, Sie müssen auf eine vollständige Dokumentation zurückgreifen können.

- Seien Sie teuer. Seien Sie niemals der Billigste auf dem Markt. Gehen Sie davon aus, dass Sie tatsächlich kompetent sind und unter den teuersten Ihres Marktes rangieren. Niemals werden Sie Geld verlieren, wenn Sie mehr verlangen. Wenn Sie sich nicht sicher sind, wie gut Sie sind, bewegen Sie sich im mittleren Bereich.

- Definieren Sie Ihren Idealkunden und suchen Sie diesen. Ärgern Sie sich nicht über das Geld, das Sie >auf dem Tisch haben liegen lassen<. Wenn Sie erst einmal ein bisschen Einkommen von Ihren idealen Kunden bezogen haben, wird der Erfolg nicht lange auf sich warten lassen.

- Stoßen Sie Kunden ab, die sich negativ und ausfallend verhalten, niemals Ihre Rechnungen bezahlen oder ganz einfach Ihrer Firma mehr Stress bringen. Mein Bruder sagt, ich solle ein Buch schreiben, wie man reich wird, indem man seinen größten Kunden abstößt.

- Der Erste, den Sie einstellen, sollte ein Verwaltungsassistent, kein Techniker sein. Viel Arbeit wird sich einfach >in Nichts auflösen< und Sie werden in der Lage sein, Ihren höherwertigen Aufgaben mehr Zeit zu widmen.

- Seien Sie Sie selbst! Seien Sie authentisch. Sorgen Sie sich nicht zu sehr darüber, potentielle Kunden zu vergraulen. Verzichten Sie darauf, höflich und langweilig zu sein, nur weil Sie keinen potentiellen Kunden verjagen wollen. Stehen Sie für etwas und die Kunden werden Ihnen zulaufen.

- Tasten Sie niemals, egal um was es geht, Ihre Ruhestandsreserven an. Ich weiß, Sie wollen es kaum glauben, besonders wenn Sie noch jung sind, aber lieber sollten Sie Ihre Firma sterben lassen, als sich selbst und Ihre Familie zu berauben. In diese Falle tappen viele Leute.

- Kein Kunde ist unentbehrlich. Kein Angestellter ist unentbehrlich. Sie sind nicht unentbehrlich.

Vertrauen Sie mir: Zu den meisten dieser Themen werden Sie ganze Bücher finden. Daher ist mein wichtigster Rat folgender:

- Hören Sie niemals auf zu lernen.
- Lernen Sie mehr über das Geschäft und die Menschen und Ideen.
- Lesen Sie so viel Sie können. Oder hören Sie Audiobooks.

Das Geschäft ist kein >Ding<, das existiert. Es ist eine sich entwickelnde Welt und Sie müssen mit ihr Schritt halten oder Sie fallen zurück.

Das hört sich alles nach einer Menge Arbeit an, weil es viel Arbeit ist. Auch wenn Sie eine Menge Spaß haben, Sie müssen trotzdem wirklich hart arbeiten, um erfolgreich zu sein.

Das sollten Sie sich merken:

1. Lesen Sie *The E-Myth Revisited* von Michael Gerber. Wirklich. Tun Sie es einfach.
2. Der wichtigste Schritt auf dem Weg zum Erfolg ist das Entwickeln eines Fahrplans.
3. Versuchen Sie nicht, ein Geschäft auf dem Break/Fix-Modell zu gründen.

Damit sollten Sie sich beschäftigen:

- *The E-Myth Revisited* von Michael Gerber

Einige Bücher, die Ihnen helfen, Ihr Leben und Ihre Arbeit ins Gleichgewicht zu bringen:

- *Relax Focus Succeed* von Karl W. Palachuk
- *The Relaxation Response* von Herbert Benson und Miriam Z. Klipper
- *How to Make a Buck and Still Be A Decent Human Being* von Richard C. Rose und Echo Montgomery Garrett
- *What Would a Wise Woman Do?* von Laura Steward Atchison

10. Per-User- versus Per-Device-Preisfindung

Während der ersten zehn Jahre in der Geschichte des Flatfee-Tech-Supports dominierte das >Per-Device<-Preismodell. Die Gründe liegen auf der Hand:

1) Auf jedem gemanagten Gerät müssen Sie einen Agenten installieren.

2) Daher war es leicht, einfach Ihre Agenten zu zählen.

3) Es ist einfach, Kunden danach zu definieren, >wie viele Server und wie viele Workstations sie unterhalten<.

Doch selbst zu den heißesten Zeiten des Per-Device-Modells begannen wir damit, ein paar Per-User-Tarife anzubieten. Insbesondere verkaufen wir unseren Cloud-Service für >bis zu fünf Nutzer<, sodass es mehr und mehr auf ein Per-User-Modell hinausläuft.

Im Folgenden einige Überlegungen, warum ein Per-Device-Modell vielleicht nicht mehr die beste Wahl darstellt.

A. Geräte zu zählen ist nicht mehr so einfach wie früher

Als >Gerät (device)< bezeichnete man normalerweise einen Server, einen Desktop-Computer, einen Laptop-Computer oder ein Telefon. Heute sind >Geräte< auch Tablets, E-Reader, bildgebende medizinische Geräte, Drucker, Sicherheitssysteme und alle möglichen anderen Sachen.

Mit der Weiterentwicklung der Cloud-Dienste werden einige Devices einfach nur Exemplare von Devices oder Services in der Cloud sein. Und diese werden wir ebenso managen müssen wie wir gehostete E-Mail oder Spamfilter managen. Es ist beinahe unmöglich geworden, in einem Büro herumzugehen und die Devices zu zählen. Dieses Problem multipliziert sich noch, wenn jeder mit tragbaren Computern herumläuft, die wir schützen müssen.

Um dem Ganzen die Spitze aufzusetzen, haben wir es noch mit dem explodierenden Internet der Dinge, dem Internet of Things (IoT) zu tun. Plötzlich werden Kühlschränke, Raumheizer, Aufzüge und Produktionsmittel zum Teil des Netzwerkes. Ein Großteil dieser >Dinge< wird lediglich Set-up-Zeit und wenig oder überhaupt keine Wartung in Anspruch nehmen. In dem Büro eines Kunden können sich vielleicht hunderte oder gar tausende von IoT-Devices befinden.

Stellen Sie sich einen Dienst vor, der Glühbirnen in einem großen Bürokomplex monitort. Dies wird schon sehr bald Realität sein.

B.   Viele Nutzer besitzen mehr als ein Device

In der Tat unterhalten die meisten User mehr als ein Gerät, selbst wenn nicht alle von diesen unter unser Management fallen. Wir haben die Erfahrung gemacht, dass Unternehmer und Manager wollen, dass wir uns um ihre gesamte Anlage kümmern, für das Mobiltelefon, den Laptop oder den Kindle des durchschnittlichen Angestellten wollen sie jedoch nicht zahlen.

Der Chef verfügt vielleicht über einen Desktop, ein Mobiltelefon, ein iPad und eventuell sogar noch über eine Xbox, um die wir uns kümmern sollen. Was kostet es, all diese Devices zu managen? Wenn Sie $75 pro Monat pro Desktop-Computer verlangen, können Sie dann für all die anderen Geräte auch jeweils $75 veranschlagen? Natürlich nicht.

C.   Einige Devices sind weitaus weniger kompliziert als andere

Was Computer – Desktops und Laptops – anbelangt, managen wir alles Mögliche. Wir pflegen das Operationssystem, die Bürosoftware, Periphergeräte, Treiber, Speicherplatz etc. Doch mit vielen anderen Geräten tun wir beinahe nichts. Bei einem durchschnittlichen Mobiltelefon überprüfen wir, ob das Antivirussystem funktioniert und ob wir im Falle eines Diebstahls alle Daten löschen können. Bei durchschnittlichen IP-Phones haben wir nach dem Set-up nichts mehr zu tun.

Dementsprechend sorgen wir bei iPads und bildgebenden medizinischen Geräten dafür, dass sie online sind. Danach ist nicht mehr viel für uns zu tun. Ich denke, man kann Devices in zwei große Kategorien einteilen: Computer und alles andere. Einige Geräte benötigen Anti-Virus, andere nicht.

D. User sind heute gebildeter als früher

Schließlich kommen wir auf den Nutzer zu sprechen. Selbst wenn User nicht besonders technisch versiert sind, wissen sie doch, dass ihr Mobiltelefon weitaus weniger Wartung benötigt als ihr Desktop-Computer. Außerdem entwickeln sie ein Gespür dafür, wie >geschäftskritisch< die einzelnen Devices werden können.

In manchen Umgebungen sind iPads von zentraler Wichtigkeit für die Operation. Sie stellen das Device dar, das Befehle entgegennimmt, oder das vordere Ende einer Datenbank für medizinische Aufzeichnungen. In anderen Geschäftsbereichen sind sie einfach ein Gerät, auf dem der Chef während seiner Reisen Filme ansehen kann. Offensichtlich ist ein Röntgengerät ein unternehmenskritisches Device. Doch sie können an ihm nicht viel reparieren, außer der Verbindung zum Laufwerk.

Wir haben also eine stets wachsende Sammlung an Devices mit unterschiedlicher Komplexität und unterschiedlicher Wichtigkeit für das Unternehmen. Von all diesen Geräten eine Matrix zu schaffen und einen fairen Preis für die Wartung festzulegen ist beinahe unmöglich.

Bedenken Sie die Pro-User-Erfahrung

Nehmen wir für eine Minute an, dass es noch keines der Managed Service-Modelle gibt. Sie möchten Ihren Kunden einen hervorragenden Service liefern, so viel wie möglich von dessen Netzwerk managen, eine möglichst geringe Gebühr in Rechnung stellen und trotzdem eine Menge Geld machen. Klingt das nicht gut?

Als wir begannen, uns auf Managed Service zuzubewegen, haben wir geschätzt, wie viel Zeit man für den Support eines durchschnittlichen Servers, eines durchschnittlichen Desktop-Computers und eines durchschnittlichen Laptops benötigt. Da ich Angestellte hatte, konnte ich die harten Kosten schätzen, die mit dem Support dieser Devices verbunden waren. Das Gleiche (weniger genau) galt für den Support von Routern, Switches, Druckern und andere dem Netzwerk zugehörige Komponenten.

Wir wissen, dass wir in manchen Monaten beinahe reinen Profit machen, andere Monate jedoch sehr arbeitsintensiv ausfallen. Unser Ziel war es deshalb, eine Pauschalgebühr festzusetzen, sodass wir über das Jahr gesehen profitabel arbeiten und der Kunde die Betreuung bekommt, die er benötigt.

Jetzt überlegen Sie bitte, wie Sie das für den Mix an iPads, Mobiltelefonen und Tablet-PCs, die Ihre Kunden benutzen, bewerkstelligen. Was kostet es, all diese Geräte zu warten? Falls Sie ein PSA (Professional Service Automation) -Tool besitzen, sollten Sie in der Lage sein, einen Bericht zu erstellen, der Ihnen genau sagt, wie viele Stunden Sie während der letzten zwölf Monate mit dem Support für einen bestimmten Kunden beschäftigt waren.

Als wir mit dem Pro-User-Preismodell herumexperimentiert haben, fanden wir heraus, dass es ziemlich leicht zu verkaufen ist. Anstatt abgestufte Preise für Server und Desktops, hatten wir abgestufte Preise, die sich auf den jeweiligen User-Typ und die jeweilige Umgebung bezogen. Am wichtigsten ist hierbei, dass der Entscheidungsträger in diesem Fall der Power-User ist. Er hat nämlich fünf oder sechs Devices und kennt deren Wert.

Wie Sie sich vorstellen können, besitzt der Chef höchstwahrscheinlich die meisten Geräte. Daher wird er nichts gegen die >Power-User<-Rechnung einzuwenden haben, da es sich um ihn selbst handelt. Der Chef trifft dann die Entscheidung, wie viele Power-User das Unternehmen hat und wie viele Standard-User.

Die nächste Frage lautet: Wie lege ich den Preis für einen solchen Service fest? Also, das ist leichter, als Sie denken. Sie mögen vielleicht versucht sein, die Kosten für den Support all dieser Devices zu kalkulieren und herauszufinden, wie viele User welche Devices benutzen. Es ist viel leichter, einfach die Power-User und die Standard-User zu zählen. Für das Netzwerk als Ganzes werden stets noch gewisse Overheadkosten bleiben. Doch die Netzwerkkomponente erfordert im Allgemeinen wenig Wartung. Firewalls, Switches und Drucker installieren Sie einmalig. Danach benötigen diese normalerweise wenig oder keine Wartung.

Ihre Erfahrung mit dem >alten< Preismodell sollte Ihnen dienlich sein. Berechnen Sie einen kleinen Aufschlag (ungefähr 10%) für Power-User, um die Wartung für all diese Devices zu decken. Falls Sie ein PSA benutzen und Ihre Zeit dokumentieren, werden Sie wissen, welche Nutzer Sie mehr kosten.

Wahrscheinlich werden Sie entdecken, dass Sie die Preise überhaupt nicht ändern müssen. Wahrscheinlich können Sie einfach von Devices zu Usern wechseln und immer noch Geld machen.

Wie man die Preise für eine Per-User-Pauschale berechnet

Im nächsten Kapitel werden wir uns im Detail mit der Festlegung der Preise beschäftigen. Wenn wir uns später dem Cloud-Service zuwenden, werden wir uns mit dessen Preisgestaltung beschäftigen und wie wir ihn (höchst) profitabel gestalten.

Doch jetzt werfen wir einen Blick auf die Exceltabelle weiter unten. Diese finden Sie auch in Ihrem Downloadinhalt unter Kapitel 10.

Das Ziel ist zu sehen, was die Kunden im letzten Jahr gezahlt haben und welche Zahlung Sie von ihnen unter einem Per-User-Plan erwarten können. Es lohnt sich, die Exceltabelle zu öffnen, während wir sie besprechen.

Erstens: Kopieren Sie dieses Arbeitsblatt und erstellen Sie Ihr eigenes. Auf diese Art können Sie was auch immer Sie wollen für Ihre derzeitige Preisfindung einsetzen. Selbst wenn Sie keine homogenen Preise haben, sollten Sie in der Lage sein herauszufinden, was Sie Ihrem Kunden ABC im letzten Jahr für Ihren Service berechnet haben.

Falls Sie im Moment eine Per-Device-Preisgestaltung verfolgen, tragen Sie diese Daten in die Zeile "Compare Old Per Device Pricing" ein. Falls dies nicht der Fall ist, tragen Sie einfach die Gesamtsumme der angefallenen Servicekosten pro Kunde ein.

Zweitens: Wählen Sie in jedem Fall fünf bis zehn Ihrer *Lieblingskunden* aus und füllen Sie die Tabelle aus. Ich nehme hierzu stets meine Lieblingskunden anstatt meine größten Kunden, weil ich gern hätte, dass alle meine Kunden so wären wie sie.

Per User Pricing Considerations

SMALL BIZ THOUGHTS
by Karl W. Palachuk

				Client ABC	Client DEF	Client GHI	Client JKL	Client MNO	Client PQR	Client STU	Client VWX	Client YZA
Network Complexity	1 = Low	5 = High		3	2	3.5	2	2	3	4	3	3
Technical Ability Primary Contact	1 = High	5 = Low		1	2.5	3	4	3	4	3	3	4
Age of Servers / yr				3	NA	NA	1	3	2	2	4	2
Age of Workstations / yr				5	1	3	2	2.5	3	4	2	1
Easy to Work With	1 = Easy	5 = Hard		1	1	2	3	4	2	2	2	2
				13	6.5	11.5	12	14.5	14	15	14	12
Mean:				2.6	1.3	2.3	2.4	2.9	2.8	3	2.8	2.4
Multiply Mean x "X" to get Price/User												
Multiplier:		$40.00										
				$104	$52	$92	$96	$116	$112	$120	$112	$96
Number of Users to be Supported				10	15	24	27	36	45	59	68	107
Total Monthly Managed Service	(based on Per User)			$1,040	$780	$2,208	$2,592	$4,176	$5,040	$7,080	$7,616	$10,272
Compare Old Per Device Pricing												
Number of Servers to be Supported at		$500		1	0	0	1	2	1	2	2	3
Number of Workstations to be Supported at		$75		10	15	26	30	40	45	62	71	110
Total Monthly Managed Service	(based on Per Device)			$1,250	$1,125	$1,950	$2,750	$4,000	$3,875	$5,650	$6,325	$9,750
Difference - Per User minus Per Device				($210)	($345)	$258	($158)	$176	$1,165	$1,430	$1,291	$522

Tragen Sie nach bestem Wissen die Anzahl der Nutzer und die Anzahl der Devices ein. Die Anzahl der Geräte wird niemals genau der Realität entsprechen, wie wir bereits besprochen haben. Zwei Anwälte mögen z.B. jeweils fünf Geräte benutzen, während ihre drei Angestellten nur jeweils einen Desktop besitzen.

Drittens: Legen Sie Ihre Kriterien fest. Ich benutze:

- Komplexität des Netzwerks

- Technische Fähigkeiten der Kontaktperson

- Durchschnittsalter des Servers in Jahren

- Durchschnittsalter der Workstations in Jahren

- Leichtigkeit des Umgangs mit dem Kunden

Setzen Sie Kriterien ein, die für Sie wichtig sind. Vielleicht fügen Sie >seit wie vielen Jahren mein Kunde< hinzu oder lassen einige Kriterien weg.

Ich benutze gern 5-Punkte-Skalen, da ich gern eine Zahl habe, die fest in der Mitte steht (3), es aber auch nicht zu komplex werden soll. Sie können auf 7 Punkte erweitern oder was auch immer Sie glücklich macht. Das Ziel liegt darin, einige Schlüsselkriterien an der Hand zu haben, die uns ein Gefühl dafür geben, wie schwierig oder kompliziert der Support für einen Kunden ist.

Viertens: Spielen Sie mit dem Multiplikator im grünen Kästchen (C16). Zum Beispiel hat der Kunde ABC einen >Complexity mean score< von 2.6. Multiplizieren Sie das mit $40 und Sie erhalten einen Per-User-Preis von $1.040. Das ist weniger, als die $1.250, die der Kunde für einen Per-Device-Managed-Service bezahlt hat.

Beachten Sie, dass die meisten Kunden in diesem Punkt höher liegen. Abstrakt gesehen hat Ihr Multiplikator keine Bedeutung. Er ist lediglich eine Zahl, die Sie höher oder niedriger ansetzen, bis die meisten Ihrer Kunden annähernd die Größenordnung des letzten Jahres erreichen. Einige werden immer etwas darunter, einige immer etwas darüber liegen.

Das Spiel mit dem Multiplikator hat NICHT den Sinn, den perfekten Per-User-Preis für jedermann zu finden. Das Ziel besteht darin, Preisspannen zu finden, sodass Sie Ihre Kunden einschätzen und Per-User-Preisspannen festlegen können, die Sinn machen und fair sind.

Ihre Zahlen unterscheiden sich vielleicht aufs Wildeste von meinen – machen Sie sich darüber keine Sorgen. Ich hatte einen Coaching-Kunden, dessen Zahlen sich im Bereich zwischen $45 und $60 pro User bewegten, da die Zahlen darauf basierten, was der Kunde im Vorjahr bezahlt hatte. Und das wiederum hing davon ab, welche Dienste ihm geboten wurden.

Also: Benutzen Sie dieses Tool nicht dazu, Ihre Angebote den meinen anzupassen. Benutzen Sie es, um ein für Ihre Angebote sinnvolles Preisspektrum festzulegen, das es Ihnen erlaubt, voranzukommen. Es soll Ihnen lediglich weitere Informationen an die Hand liefern, die Ihnen bei Ihren Überlegungen helfen können.

Am Schluss wählen Sie **Ihr Preisspektrum** aus. Kopieren Sie das Arbeitsblatt noch einmal und erstellen Sie es für Ihre Kunden und Ihre Per-User-Preisspannen. Sagen wir zum Beispiel, Ihre Spanne liegt zwischen $90 und $120 pro User. Wählen Sie jetzt eine Zahl innerhalb dieses Spektrums für jeden User.

Das Schöne an dieser Preisfindung

Sie müssen keine dieser Informationen an Ihre Kunden weitergeben, doch die Kriterien können Sie gern mit ihnen besprechen (Alter der Geräte, Komplexität des Netzwerkes, internes Wissen). Das hilft den Kunden ungemein, darüber nachzudenken, wie sie ihre Kosten senken können.

Wenn ein Kunde zum Beispiel jedes Jahr drei Geräte erneuert und so das Durchschnittsalter gering hält, hält er gleichzeitig seine Managed Service-Rechnung gering. Und das ist auch gut für Sie, den Sie haben weniger Arbeit damit, diese neueren Geräte zu warten. Sie können die Preise stabil halten, während Sie mehr Geld verdienen.

Und wenn ein Kunde zwei Server auf gehosteten Dienst umstellt, wird sein Netzwerk unkomplizierter. Daher können Sie diesem Kunden tatsächlich einen Preisnachlass von sagen wir $120/User auf $110/User geben und trotzdem mehr Geld machen.

Denken Sie daran: Sie sollten sich nicht über die Topline ärgern (den Preis, den Sie verlangen), sondern sich auf die Fußzeile konzentrieren (das Geld, das Sie verdienen).

Dies ist ein großartiges Preismodell, denn niemand braucht jemals Ihre internen Kalkulationen zu erfahren. Gleichzeitig verstehen die Kunden das Konzept der einfachen Wartung. Sie brauchen dem Kunden ja nicht zu erzählen, dass Sie ihm auch etwas dafür berechnen, dass der Umgang mit ihm so schwierig ist. ☺

Im Laufe des Buches werden wir noch mehrmals auf die Preisfindung zurückkommen. Behalten Sie dies solange im Hinterkopf. Im nächsten Kapitel werden wir uns mit einer ähnlichen Übung für die Per-Device-Preisfindung befassen. Und das wird uns als Sprungbrett für unsere Beschäftigung mit der Cloud-Service-Preisfindung in Abschnitt VII dienen.

Lieben Sie Ihre User!

Was halten Sie von dieser Perspektive: Wir sollten uns wieder auf die User und nicht auf die Devices konzentrieren. Es sind die Nutzer, die aus Ihrem Service Nutzen ziehen. Es sind die Nutzer, die Sie mögen. Es sind die Nutzer, die durch Ihre Arbeit produktiver werden.

Ist das nicht eine merkwürdige Konsequenz? Die ausufernde Anzahl an Geräten führt zu einer stärkeren Fokussierung auf die Nutzer.

> **Das sollten Sie sich merken:**
> 1. Denken Sie daran: Sie brauchen sich nicht um die Topline (der Preis, den Sie berechnen) zu sorgen. Konzentrieren Sie sich stattdessen auf die Fußzeile (das Geld, das Sie verdienen).

2. Devices zu zählen ist viel schwieriger geworden.

3. Die ausufernde Anzahl an Devices führt zu einem größeren Fokus auf den User anstatt auf dessen Geräte.

11. Erstellen Sie eine dreistufige Preisstruktur

Im letzten Kapitel haben wir die Grundlage dafür gelegt, dass sich Ihr Unternehmen in die richtige Richtung bewegt. Nun werden wir Ihre dreistufige Preisstruktur entwickeln.

Dies ist zwar nicht besonders schwierig, aber besonders wichtig. Und das aus drei Gründen.

Erstens: Über die Preisstruktur definieren Sie, was Ihr Unternehmen verkauft. Zuvor haben Sie höchstwahrscheinlich einfach das verkauft, was auch immer Ihnen in den Sinn gekommen ist. Nun gut, aber ab jetzt werden Sie Produkte und Leistungen verkaufen, die Sinn machen, widerspiegeln, was Ihr Unternehmen tut und Geld einbringen. Mehr darüber im nächsten Kapitel.

Zweitens werden Sie die Preistabelle im Verkaufsprozess benutzen. Sie werden sie einem Kunden aushändigen können und sagen: >Suchen Sie sich einen Tarif aus.< Welchen auch immer er sich aussucht, Sie werden Geld verdienen. Noch besser, sobald sich ein Kunde für einen Tarif entschieden hat, werden Sie einen Service-Rahmenvertrag abschließen, der den Kunden in einen Pre-paid-Abrechnungsstatus versetzt.

Drittens werden Sie diese Preisstruktur dazu benutzen, den Rest Ihrer Wandlung zum Managed Service Provider zu organisieren. Wir haben die Tabelle tatsächlich an die Wand vor unsere Schreibtische geheftet. Sie dient als Hilfe bei Entscheidungen bezüglich Rechnungen (z.B.: Ist diese Leistung gedeckt?). Sie hilft dem Kunden bei Entscheidungen (z.B.: Wenn wir remote arbeiten, ist es gedeckt. Arbeiten wir onsite, berechnen wir Stundenlohn.). Und so weiter.

Legen Sie los!

Okay, wie erstellen Sie nun also Ihre dreistufige Preistabelle?

Erstens: Sie brauchen Namen. So dumm es klingen mag, aber Sie müssen etwas über jede Spalte schreiben. Wir benutzen die Bezeichnungen Platinum, Gold und Silber. Sie können Gold, Silber und Bronze sagen. Oder meinetwegen auch Parka, Jacke und Mantel.

Warum drei Stufen? Ich weiß es nicht. Drei Optionen haben etwas Magisches und gleichzeitig Schlichtes. Einige Leute wollen das >Beste<, was auch immer das sein mag. Einige wollen das Billigste. Die Leute mögen es nicht, wenn man ihnen den Preis vorschreibt, aber sie shoppen gern. Bei drei Stufen können sie sich das aussuchen, was sie haben wollen. Abhängig davon, wie Sie die Preise strukturieren, verrät Ihnen die Option, die der Kunde wählt, wo er innerhalb des technischen Supports seinen Fokus setzt.

Um ehrlich zu sein, wir haben noch eine vierte Sparte, genannt Pyrite – Narrengold. Unter Pyrite fallen unsere Dienste außerhalb der Service-Rahmenverträge: Ein viel höherer Stundenlohn. Kein Monitoring, kein Onsite-Support, kein Patching etc. In Wahrheit ist Pyrite wirklich Break/Fix-Arbeit zum höchsten Preis. Eigentlich ist dies keine wirkliche Option.

Beginnen Sie am besten damit, alle Leistungen aufzulisten, die Sie anbieten. Ich denke, optimalerweise kategorisieren Sie diese wie folgt:

- Dienste am Server/an der Domäne
- Dienste am Desktop oder der Workstation
- Andere Dienste (Netzwerk, Drucker, ISP etc.)

In unserem Fall deckt Silber nur den Server. Gold deckt Server und Workstations. Platinum deckt alles, was wir sonst noch zu bieten haben. Andere Firmen teilen auf in Nur Monitoring, Server und Workstations oder Alles.

Listen Sie alle Dienste auf, die Sie vertreiben. Remote-Support, Remote-Monitoring, Patch-Management etc.

Machen Sie sich keine Sorgen, wenn Sie keine sechs Seiten für Ihre Liste benötigen. Tatsächlich sollte alles auf eine Seite passen! Ihr gesamtes Angebot und die Preisliste sollten nicht mehr als eine einzelne Seite in Anspruch nehmen.

Unsere Liste ist sehr simpel. Wir haben Onsite-Leistung, Remote-Leistung, After-Hours-Leistung und Notfall-Leistung. Dann kommen unsere Dienste, die sich auf Server, Desktops, und Netzwerke beziehen.

Sie verfügen bereits über einige Tools, um Ihren Managed Service zu liefern. Zumindest werden Sie Reporting von Windows haben oder vielleicht sogar einen superalten Small-Business-Server. Eventuell benutzen Sie freie Tools wie Servers Alive (siehe www.woodstone.nu/salive). Vielleicht arbeiten Sie mit System Center von Microsoft. Oder Sie haben sogar in Continuum, SolarWinds MSP oder LabTech investiert.

Was auch immer Sie haben, stufen Sie es als Remote-Monitoring und Patch-Management ein. Wahrscheinlich bevorzugen Sie eine Aufteilung in diese beiden Kategorien.

Falls Sie Ihren Kunden bereits noch andere Dienste anbieten, überlegen Sie sich, diese in Ihr am höchsten angesiedeltes Angebot zu packen. So haben wir es mit dem gehosteten Spamfilter und dem Anti-Virus gemacht. Platinum-Kunden bekommen diese Dienste kostenfrei. Zwar wollen gar nicht alle Kunden diese Dienste in Anspruch nehmen, doch wir können stets auf dieses Add-on als eine wertvolle kostenlose Zugabe verweisen.

Gestalten Sie die drei Angebote

Jetzt haben Sie also eine Liste mit den von Ihnen angebotenen Diensten vor sich liegen. Und Sie haben die Bezeichnungen für drei Spalten. Sie wissen, was zu tun ist: Listen Sie Ihre Dienste auf der linken Seite des Blattes auf und tragen Sie Häkchen oder Sternchen bei Ihren Angeboten ein, die den jeweiligen Dienst einschließen.

Wahrscheinlich müssen Sie diesen Prozess mehrmals durcharbeiten. Es ist keine Zauberei. Es verlangt lediglich ein wenig Feintuning. Am Ende dieses Kapitels habe ich ein Beispiel angefügt. Eine Kopie können Sie auch unter managedservicesinamonth.com downloaden, sobald Sie sich als Besitzer dieses Buches registriert haben.

Nun überlegen Sie sich, was es kostet, diese Dienste zu liefern. Denken Sie daran, dass Sie mehr Geld verdienen, wenn Sie Remote-Supports bereitstellen, als wenn Sie onsite arbeiten. Dies trifft besonders dann zu, wenn Sie keine Anfahrtkosten berechnen. Ihren Tag mit unbezahlten halbstündigen Fahrzeiten vollzupacken kann sehr teuer werden. Was können Sie in die Silber- und Gold-Pakete packen, das unter die Remote-Dienste fällt und so automatisiert wie möglich ist?

Bedenken Sie auch, was Sie für das Platinum-Paket berechnen müssen und wie nahe Sie dem Anspruch >all you can eat< oder >alles inklusive< kommen können. (Anmerkung: In späteren Kapiteln werde ich näher auf die Gefahren der >all you can eat<-Preisgestaltung eingehen.)

Denken Sie daran, dass stets auch zusätzliche Leistungen anfallen. Abhängig von der Gestaltung Ihrer Verträge verkaufen Sie wahrscheinlich zwanzig oder dreißig Prozent mehr, als die Pauschalgebühr abdeckt. Bei einer Handvoll Kunden lässt sich der Betrag der Pauschale vielleicht sogar noch verdoppeln. Fürs Erste und zu Verkaufszwecken planen Sie lediglich 25% ein. Also kann ein Vertrag, der eine Pauschalgebühr von $10.000 vorsieht, tatsächlich insgesamt um die $12.500 einbringen.

Spielen Sie mit Excel

In meinem Buch *Service Agreements for SMB Consultants* habe ich anhand einer Exceltabelle genauestens erläutert, wie man herausfindet, welchen Profit Ihnen die verschiedenen Preisstrukturen bringen. Diese Exceldateien finden Sie ebenfalls im Downloadinhalt dieses Buches.

Und noch einmal, verrenken Sie sich nicht das Gehirn. Tragen Sie einfach die folgenden Variablen ein:

- Kundenname

- Anzahl der Server

- Anzahl der Desktops/Laptops

- pro Server berechneter Preis

- pro Desktop berechneter Preis

Tragen Sie die Zahlen ein. Passen Sie den Preis pro Device solange an, bis Sie die Größenordnung der Beträge erreichen, die Ihre Kunden heute zahlen.

Benutzen Sie die ausgedruckten Tabellen, die wir in einem weiter zurückliegenden Kapitel ausgearbeitet haben und die zeigen, was jeder Ihrer Kunden für Ihre Leistungen im letzten Jahr gezahlt hat.

Nach all den Jahren der Praxis habe ich eine Lektion gelernt: Orientieren Sie sich nicht an der Mitte oder dem unteren Ende. Versuchen Sie nicht, Ihr Produkt >erschwinglich< zu machen, damit Sie Kunden halten können. Setzen Sie Ihre Maßstäbe an Ihren Top Ten Kunden. Sie wollen doch Ihre besten Kunden behalten. Und wenn Sie mit dem Geld glücklich sind, das Sie von diesen bekommen, dann passen Sie Ihre Preisstruktur entsprechend an.

Wahrscheinlich werden Sie einige Lower-End-Kunden verlieren, doch das würde sowieso passieren. Es ist weitaus wichtiger, sich auf die Zukunft zu fokussieren: Ihre nächsten zehn neuen Kunden werden bereitwillig ein Paket kaufen, das dem Ihrer Top Ten-Kunden verdammt ähnlich sieht.

Zahlen mal so und mal so. Spielen Sie!

Aber benutzen Sie Excel nicht als Ausrede, *nicht* weiter zu machen! Entscheiden Sie sich für einen Preis und notieren Sie ihn.

Wahrscheinlich werden Sie nicht gerade in Sacramento operieren, daher sind meine Zahlen vollkommen irrelevant. Aber damit Sie zumindest eine Größenordnung haben, unser Platinumplan sieht $65 pro Desktop und $500 pro Server pro Monat vor. Allerdings verfügen wir über alle hilfreichen Tools (PSA und RMM). Wenn

Ihre Prozesse mehr manuell ablaufen, werden Sie einen höheren Preis verlangen müssen.

Schließen Sie Ihre Preisfindung ab

Drucken Sie Ihr Preisangebot aus. Stellen Sie es einigen Ihrer besten Kunden vor. Reden Sie mit Ihren Angestellten darüber. Diskutieren Sie es mit anderen Consultants (Laden Sie diese zum Essen ein, achten Sie aber darauf, dass das Gespräch für beide Seiten gewinnbringend ist.).

Dies ist ein sich wiederholender Prozess. Sie werden immer wieder schnell überprüfen, was Sie bis zu dem entsprechenden Zeitpunkt geschafft haben. Als nächstes werden wir Ihren Garten von Unkraut befreien. Danach gehen Sie alles noch einmal durch. Trödeln Sie nicht herum! Schieben Sie nichts auf die lange Bank! Machen Sie einfach weiter!

Ta dah! Sie haben eine neue Preisstruktur für Ihr Geschäft. Glückwunsch! Sie haben außerdem eine überschaubare Beschreibung Ihrer Angebote und was Sie kosten. Gute Arbeit.

SBT SMALL BIZ THOUGHTS
by Karl W.Palachuk

SuperStar I.T. - 2018 Pricing

Service	Pyrite (no agreement)	Silver (Server)	Gold (Server and Desktop)	Platinum (Everything's Managed)
Remote Maintenance Support	Not Available	$165 / Hr 1 hr min.	Free	Free
Onsite Maintenance Support (at your office)	$250 / Hr 4 hr min.	$165 / Hr 1 hr min.	$165 / Hr 1 hr min.	Free
Remote Project Labor	$250 / Hr 4 hr min.	$165 / Hr 1 hr min.	$165 / Hr 1 hr min.	$165 / Hr 1 hr min.
Onsite Project Labor	$250 / Hr 4 hr min.	$165 / Hr 1 hr min.	$165 / Hr 1 hr min.	$165 / Hr 1 hr min.
Remote After Hours Support	$500 / Hr 4 hr min.	$330 / Hr 1 hr min.	$330 / Hr 1 hr min.	$330 / Hr 1 hr min.
Onsite After Hours Support	Not Available	Not Available	$330 / Hr 1 hr min.	$330 / Hr 1 hr min.
Short-Notice Emergency Service (onsite or remote, any time of day)	Not Available	$330 / Hr 1 hr min.	$330 / Hr 1 hr min.	$330 / Hr 1 hr min.
Technology Roadmap Process Business Plan and Process Management for Technology	$2,495	$1,495	$995	Free
• Free Remote Monitoring of Server critical functions (Value: $165 / Server / mo.)			•	•	•
• Free Off-Site Remote Server Monthly Maintenance (Value: $330 / Server / mo.)			•	•	•
• Free remote server phone support per calendar month (Value: $330 / mo). Hrs expire at end of calendar month			2 Hours/mo.	Unlimited	Unlimited
• Continuous and Preventative Maintenance of Servers (updates, patches, fixes, etc.) (Value: $350 / Server / mo.)			•	•	•
• Continuous and Preventative Maintenance of Workstations (updates, patches, fixes, etc.) (Value: $75 /workstation / mo).				•	•
• Free First 3 hours of labor for each new workstation added to network (Value: $500 / workstation)				•	•
• Free Anti-Virus and Anti-Spam filtering on all E-Mail (Value: $4 / mailbox / mo.)					•
• Free Virus Scanning on all covered machines (Value: $4 / machine / mo.)					NEW
• Two Hours Free in-house training per Quarter - May not be rolled over – (Value: $1,800 / year)					NEW
• Access to our Emergency Help line service, monitored 24/7 (Value: $250 / mo.)					•
• Free maintenance of network equipment and maintenance of relationship with ISP (Value: $400 / mo.)					•
• Free maintenance of network printers and other network-attached equipment (Value: $330 / mo.)					•
Monthly Investment W.S. = Workstation, Laptop, or Virtual Machine Term = Terminal Services Client (no desktop PC) Srver = Server	$500	$500 per Server	$50 per W.S. $25 per Term $500 per Srver	$65 per W.S. $25 per Term $500 per Srver
Volume Discount: 50 or more desktops Or Non-Profit with 30 or more desktops				$50 / Workstation; $400 / Server

Terms: Prepaid by quarter or credit card prepaid monthly. Hourly minimums higher outside Sacramento Area

In Kapitel 15 werden wir besprechen, wie Sie Ihren Kundengarten jäten können. Das bedeutet, Sie werden der Tatsache ins Auge sehen müssen, sich von einigen Kunden zu trennen.

Denken Sie daran: Wir haben die Regel festgelegt, dass alle Kunden einen Service-Rahmenvertrag unterschreiben müssen. Das bedeutet ganz einfach, dass jeder Kunde, der keinen Vertrag eingeht/eingehen wird, nicht mehr länger Ihr Kunde ist.

Denken Sie darüber nach. Heute müssen Sie noch nicht aktiv werden.

Stattdessen machen Sie sich an die Arbeit, Ihre Preistabelle aufzustellen.

Das oben abgebildete Beispiel einer Preistabelle steht Ihnen als Download in Word zur Verfügung, wenn Sie sich als Besitzer dieses Buches registrieren. Dies können Sie unter ManagedServicesInA-Month.com oder SMBBooks.com.

Bitte halten Sie zum Registrieren Ihren Kaufbeleg bereit.

E-Mail Posteingang:

Michael stellt zwei Fragen per E-Mail. ANMERKUNG: Ich habe zu Beginn erwähnt, dass Sie einen Schreibblock und einen Stift zur Hand haben sollten, während Sie mit diesem Buch arbeiten. Notieren Sie diese Gedanken und überlegen Sie, was Sie für Ihr Unternehmen bedeuten.

Frage #1. >Sie haben uns gebeten, alle von uns gelieferten Dienste aufzulisten. Sollen wir nur die Dienste auflisten, die unter dem Managed Service angeboten werden würden?

Das führt zu der Frage, welche Dienste der Managed Service einschließen sollte? ... Doch sicher ist einiges ausgeschlossen? ... Was geschieht, wenn man ein Desaster-Recovery durchführen muss? Ist das gedeckt?<

Antwort #1. Also, primär sollten Sie alle Dienste auflisten, die Sie im Rahmen eines MSA (Managed Service Agreement) anbieten würden. Aber, wie Ihre Frage beweist, woher wollen Sie das wissen, bevor die Liste nicht fertiggestellt ist?

Ich würde damit beginnen, alles aufzulisten, was ich regelmäßig leiste. Sie können drei Listen anlegen: Definitiv durch MSA abgedeckt, definitiv nicht durch MSA abgedeckt und vielleicht durch MSA abgedeckt. Falls Sie eine spezielle Art der Sicherheitsprüfung durchführen, die eine Menge Geld kostet, setzen Sie das auf die Definitiv-nicht-Liste. Doch falls Sie die Möglichkeit haben, einen schnellen Sicherheits-Checkup durchlaufen zu lassen, der Sie wenig oder nichts kostet, sollten Sie das vielleicht als einmalige Leistung pro Jahr einbeziehen.

Das Wichtigste ist, alles aufzulisten, was für den Kunden Wert besitzt. Packen Sie nicht zu viele Leistungen hinein, die dem Kunden nichts bedeuten. Sie konzentrieren sich hauptsächlich auf:

- Wartung
- Patch-Management
- Monitoring
- Fixing von Software im Schadenfall

Denken Sie daran, womit Sie 90% des Tages für 90% der Kunden beschäftigt sind. Das beinhaltet wahrscheinlich die Installation einer neuen Outlook-Signatur, aber wahrscheinlich nicht die Installation neuer Netzwerkdrucker für jeden im Büro.

Denken Sie daran: Sie wollen eine einseitige Preisliste erstellen.

Und grundsätzlich wollen Sie so viel wie möglich für den Kunden Wertvolles hineinpacken.

Wichtiger Sicherheitstipp: Wenn Sie etwas mit hineinpacken können, das Sie wenig oder nichts kostet, das die allgemeine Wartung erleichtert und einen hohen Wert für den Kunden darstellt – dann tun Sie es. Zum Beispiel können unsere Platinum-Kunden gehostete Spamfilter bekommen, falls Sie diese benötigen. Für uns ist es billig und es liefert Spamfilter und Email-Speicher, wenn der Internet-Service-Provider (ISP) offline geht.

Bezüglich Disaster Recovery:

Es liegt ganz bei Ihnen. Hardware-Fehler sind nicht eingeschlossen. Wenn wir ein System warten und ein Disaster auftritt, ist der Teil der Reparatur gedeckt, der beinhaltet, die Software und das Operationssystem wieder ins Laufen zu bringen. So ist zum Beispiel das Auswechseln eines Drive-Controllers nicht gedeckt. Doch alle Arbeiten zwischen acht Uhr morgens und fünf Uhr machmittags, die dazu dienen, Daten wiederherzustellen und sogar das Operationssystem zu reinstallieren, sind abgedeckt. Falls der Kunde jedoch wünscht, dass wir die Nacht durcharbeiten, stellen wir einen After-Hour-Tarif in Rechnung.

Bei Kunden, die einen weiteren Tag warten können, bevor Sie ihren Betrieb wieder aufnehmen müssen, können die Reparaturarbeiten weitgehend gedeckt sein. Falls sie es jedoch eilig haben, wird es sehr teuer.

Außerdem: Nur der Platinum-Tarif schließt Onsite-Arbeit mit ein. Silber und Gold basieren auf purer Remote-Arbeit. In diesem Fall ist die gesamte Disaster-Recovery in Rechnung zu stellen.

Vielleicht sind Sie anderer Meinung. Finden Sie heraus, was für Sie passt.

Frage #2.   "Wie vertreten Sie Ihre Position gegenüber Kunden, die bereits ein Semi-Managed-Service-Paket beziehen? Z.B.: Wie kann ich ihnen klar machen, dass Sie jetzt $1.000/Monat zahlen müssen anstatt der bisherigen $500/pro Monat, obwohl Sie exakt die gleiche Leistung erhalten?"

Antwort #2.   Später werden wir uns noch eingehend mit dem Thema der Kundengespräche beschäftigen. Doch vorab schon mal einige Gedanken:

Tatsächlich standen wir selbst einmal einer ähnlichen Situation gegenüber. Bereits seit vielen Jahre hatten wir einen Flat-Fee-Service angeboten, indem wir für $125/Monat pro Server ein Remote-Monitoring lieferten. Auch hatten wir seit über fünfzehn Jahren die monatlichen Wartungen für Kunden übernommen, die ein bis zwei Stunden pro Monat pro Server in Anspruch nahmen ($135 – $270 für Kunden mit einem Service-Rahmenvertrag).

Also bezahlt der durchschnittliche Kunde um die $300/Monat für Monitoring und monatliche Wartung.

Unser Silber-Tarif beträgt $500/Monat und ist der Einstiegstarif. Er schließt tägliches Monitoring, monatliche Wartung und zwei Stunden Remote-Arbeit mit ein. Ihn zu verkaufen ist also recht einfach.

Ich nehme an, Ihr $1000/Monat-Kunde rangiert auf einer anderen Ebene als unser Silbertarif. ODER Ihre Preise sind höher als meine.

In Abschnitt 5 werden wir uns damit beschäftigen, wie man Kunden in den richtigen Tarif bringt und wie Sie Ihr Verkaufsgespräch organisieren.

Denken Sie aber auch daran, wie Ihr Geschäft aussieht und was Sie hinter sich lassen. Höchstwahrscheinlich haben Sie mit jedem Kunden eine andere Vereinbarung getroffen (schriftlich oder auch nicht). Die einen bekommen ganz bestimmte Dienste, die anderen wieder eine vollkommen andere Kombination. Die einen bezahlen diesen Preis, die anderen einen anderen. Selbst Ihre >Semi-Managed-Services< fallen bei jedem Kunden wahrscheinlich anders aus.

Das Leben wird viel einfacher für Sie, wenn Sie drei Schubladen haben und jeder Kunde in eine hineinpasst. Es wird leichter sein, es den Kunden, Technikern und Verkäufern zu erklären. Selbst wenn Sie im Moment noch ganz allein operieren, drei nette Kategorien zu haben, wird Ihnen das Wachstum einfacher machen.

Ich hoffe, ich konnte Ihnen helfen!

Das sollten Sie sich merken:

1. Nennen Sie drei Gründe, warum es so wichtig ist, Ihr 3-stufiges Preismodell zu entwickeln:

   a. _____

   b. _____

   c. _____

2. Warum sollten Sie sich nicht darum bemühen, Ihren Managed Service-Plan >erschwinglich< zu gestalten?

   _____

3. Was geschieht mit Kunden, die keinen Managed Service-Vertrag unterzeichnen?

Damit sollten Sie sich zusätzlich beschäftigen

Dieses Kapitel erforderte keine besonderen zusätzlichen Quellen, daher empfehle ich Ihnen einige Bücher, die ich auf meinem Kindle gespeichert habe:

- *Million Dollar Consulting* von Alan Weiss
- *What the Most Successful People Do Before Breakfast* von Laura Vanderkam
- *Unmarketing: Stop Marketing, Start Engaging* von Scott Stratten

IV.   Backup and andere Add-On Angebote

12.   Erstellen Sie einen Katalog Ihrer Services

Eine simple Frage: Was verkaufen Sie?

Ohne zu mogeln. Und antworten Sie nicht: >Was immer mein Kunde haben möchte<. Denken Sie daran, was Sie verkaufen ist ebenso wichtig wie auf welche Art Sie es verkaufen. Was Sie verkaufen hilft Ihnen, Ihr Markenzeichen zu definieren. Ich meine Folgendes:

Ich liebe es, wenn irgendjemand ein Foto eines alten eMachine-Computers auf Facebook postet und sich über das Label lustig macht, das lautet >never obsolete - niemals veraltet<. Natürlich waren diese Computer stets nur Ramsch. Ziemlich oft ist der erste Kommentar auf Facebook, dass sie bereits veraltet waren, als sie die Fabrik verließen. Ich persönlich habe einst einen besessen, dessen Festplatte nach ein paar Wochen beschädigt war. Als ich den Kundendienst angerufen habe, bekam ich die Auskunft, der Schaden sei nicht gedeckt. Die dreißigtägige Garantie war bereits abgelaufen.

Ich verkaufe stets die, wie ich es nenne, >Business-Class<-Hardware. Das bedeutet, Geräte die darauf ausgerichtet sind, drei oder vier Jahre lang zu laufen und eine dreijährige Garantie aufweisen. Das Standbein meines Unternehmens waren die HP-Business-Class-Desktops, -Laptops und -Server.

Diese Geräte kosten zwar ein wenig mehr, doch sie sind grundsolide und zu 99,9% problemlos. Mit anderen Worten, ich erwartete weniger als ein Problem pro Gerät während der ersten drei Lebensjahre. UND sie repräsentieren das Image, das ich mir für meine Firma wünsche: Wir streben nicht danach, die Billigsten zu sein. Wir streben danach, die Besten zu sein.

Manche Kunden wollen nicht das Beste. Manche können sich das Beste nicht leisten. Und manche beargwöhnen den Preis, weil sie glauben, für weniger etwas zu bekommen, das >gut genug< ist. Unser Markenzeichen steht ganz einfach dafür, dass wir nicht versuchen, *gut genug* zu sein. Wir versuchen, die Besten zu sein. Wenn

Sie sich mit *gut genug* zufrieden geben, müssen Sie sich woanders umschauen.

Gleichzeitig haben wir uns sehr darum bemüht, dass die Kunden uns ihre Backup-Systeme übergaben. Ich hasse die absurde Kampagne, die sich auf die Fahnen schreibt, dass Datenbänder schnell beschädigt seien. Backup auf Datenband ist das einzige zuverlässige und erschwingliche Backup, das jemals erfunden wurde.

Die Wahrheit ist: Techniker versagen. Kunden versagen. Ungefähr alle fünf bis sechs Jahre versagen Backup-Festplatten. Aber Tapes halten ewig.

Das einzige wirkliche Problem (falls Sie über einen kompetenten Techniker und eine gute Ausrüstung verfügen) ist die Geschwindigkeit. Falls Sie ein Backup auf einem Datenband nicht innerhalb von einer Nacht fertigstellen können, haben Sie ein System gebaut, das Probleme machen wird.

Während meiner 22+ Jahre als Consultant habe ich die grundlegende Erfahrung gemacht, dass ungefähr fünfzig Prozent aller Backups versagen. Wenn wir einen neuen Kunden bekommen oder einen neuen Kaufinteressenten und wir deren Backup checken, funktionieren beinahe genau fünfzig Prozent nicht. Meist aus folgenden Gründen:

- Das Backup wurde falsch eingestellt
  - … weil der Techniker die Technologie nicht verstanden hat
    oder
  - … weil der Techniker die falsche Technologie benutzt hat.

- Eine Hardware-Komponente hat versagt (SCSI-Karte, Bandlaufwerk).

- Eine Software-Komponente hat versagt oder angehalten und wurde nicht neugestartet.

- Das Backup wird falsch gemanagt. Zum Beispiel verlangt das Backup zwei Tapes, der Kunde benutzt aber nur eines pro Tag.

In vielen Fällen hat das Backup bereits vor langer Zeit versagt und niemand weiß es. Also legt der Kunde weiterhin Datenbänder ein, ohne zu wissen, dass sie kein Backup erstellen.

Die SCSI-Technologie hat besonders einigen Technikern Probleme bereitet. Sobald SCSI weniger genutzt wurde, arbeiteten die Bandlaufwerke beständiger. Um es noch einmal zu wiederholen, in seinen frühen Tagen war USB recht langsam.

Anmerkung: Alles, was wir angesprochen haben, gilt ebenso für Festplatten-Backups. Das einzig Gute an Festplatten-Backups liegt darin, dass die meisten Techniker besser mit Nicht-SCSI-Technologie umgehen können und deshalb das Backup von Anfang an korrekt erstellt wird.

Es gibt etwas, das Sie tun können, das jedes Problem eines versagenden Backups zu Tage fördert und repariert: **Führen Sie eine Test-Wiederherstellung durch!** Und so kam es, dass ein Großteil unseres Brandings sich um die Wartung von Backups rankte. Das Designen, Erstellen, Warten und Testen von Backups wurde zum Standardbestandteil unserer monatlichen Wartungsprozeduren.

Was hat das alles mit dem Zusammenstellen eines Kataloges an Diensten zu tun? Sehr einfach: Sie müssen den Weg definieren, auf dem *Ihr* Unternehmen diese Dienste vertreiben soll. Mit der explosionsartigen Zunahme des Bewusstseins über Viren und Ransomware, können Backup und BDR (Backup and Disaster Recovery) nicht länger als Zusatzangebote rangieren. Sie sollten vielmehr zu Ihren Kerndiensten gehören und Teil Ihres Brandings sein.

Und noch etwas, das Ihnen von Nutzen sein kann: Es ist sehr leicht, Werbe-Videos und gute Bewertungen von Kunden zu bekommen, dessen Geschäft Sie vor dem Disaster gerettet haben. Vor vielen Jahren hatte ich einen Kunden, dem in ein und demselben Jahr eine Festplatte versagte und 100% seiner Server und Desktop-Computer gestohlen wurden. Er schrieb eine Beurteilung, die ich über ein Jahr für Werbzwecke eingesetzt habe: >Karl hat mein Unternehmen gerettet – zwei Mal.< Der Spruch hat es natürlich in sich.

Ihr >Katalog< der Dienste

Sie sollten über eine standardisierte Angebotspalette verfügen, die Sie mit Kunden und Interessenten besprechen können. Tatsächlich verfügen Sie wahrscheinlich bereits über eine solche – bezeichnen was Sie haben in Gedanken lediglich nicht mit solch formalen Begriffen.

Im Download-Material finden Sie Dokumente, die mit "Katalog-Software-Worksheet", "Katalog-Hardware- Worksheet," und "Katalog-Services-Worksheet" betitelt sind.

Benutzen Sie diese als Ausgangspunkt, um zu definieren, was Sie verkaufen. Wie die Instruktionen auf jedem Formular angeben, brauchen Sie nicht jede spezifische Modellnummer oder SKU angeben. Dies ist ein eher allgemeiner Blick auf das, was Sie verkaufen.

Zum Beispiel: Bevorzugen Sie Dell, Lenovo oder HP? Vielleicht verkaufen Sie HP-Server und Lenovo-Laptops. In vielen Fällen möchten Sie eventuell zwei von Ihrer bevorzugten Marke anbieten. Zum Beispiel haben wir stets zwischen Watchguard- und Sonic-Wall-Firewalls gewechselt. Diese beiden Marken boten uns alles, was wir für unsere Kunden brauchten.

Warum ist diese Übung der Mühe wert? Ich will verhindern, dass Sie mit leeren Händen dastehen, wenn Sie eine Kundenanfrage erhalten.

Es gibt Dutzende von Markennamen für Drucker, Monitore und sogar Firewalls. Wenn Sie Ihre Hausaufgaben machen und eine oder zwei Marken auswählen, die Sie verkaufen und warten können, wird Ihnen das auf lange Sicht viel Ärger ersparen.

Ihre Angebote zu limitieren birgt viele Vorteile. Erstens: Je mehr Sie mit einer Marke umgehen, desto besser lernen Sie deren spezifische Technologie kennen. Das spart Ihnen auf lange Sicht Zeit. Zweitens: Es ist leichter, Techniker zu schulen. Diese müssen sich nur mit ein oder zwei Marken vertraut machen, statt mit jeder auf dem Markt erhältlichen.

Drittens: Mit der Zeit werden Sie eine gewisse Einheitlichkeit innerhalb der Installationen der Kunden fördern. Das spart außerdem auf lange Sicht Zeit und Schulungen. Manche Firmen halten sogar einige Geräte auf Lager, da viele Ihrer Kunden die gleichen Marken benutzen. Das heißt, im Notfall können Sie schneller Ersatz liefern und so Ihr Serviceniveau erhöhen.

(Ich rate davon ab, zu viel Inventar zu lagern, insbesondere wenn Sie über kein gutes Buchhaltungssystem verfügen.)

Von Zeit zu Zeit werden Sie Ihr Angebot neu überdenken. Vielleicht haben Sie eine Konferenz oder eine Verkaufsveranstaltung besucht, auf der Sie einige neue Produkte kennengelernt haben, die Sie in Ihr Angebot übernehmen wollen. Recherchieren Sie gut. Nehmen Sie den Wechsel vor, falls es notwendig ist. Aber lassen Sie sich Zeit dabei.

Das ständige Wechseln von Marken führt dazu, dass Sie am Ende jedes nur erdenkliche Produkt auf Erden vertreiben. Das heißt, Sie verbringen mehr (oft nicht berechnete) Zeit damit, Probleme zu lösen.

Schließlich, wenn Sie einen Katalog der Software, Hardware und Services in Ihren Händen halten, haben Sie den ersten Schritt in Richtung Standardisierung Ihrer Auftragsprozesse getan. Eines Tages, mit etwas Glück, werden Sie einen Teil oder sogar alle Verkaufsgespräche an jemand anderes übergeben. Wenn dieser Fall eintritt, ist es äußerst hilfreich, anfangs zu beschreiben, was Sie verkaufen … Ihren >Katalog< der Angebote.

Was Branding anbelangt, denken Sie daran, dass Kunden und Interessenten stets einen Eindruck gewinnen, wer Sie sind und wie Sie operieren. Das können Sie dem Zufall überlassen oder bis zu einem gewissen Grad kontrollieren.

Preis, Qualität, Geschwindigkeit: Entscheiden Sie sich für alle drei

Wenn Sie die Produkte und Dienste auswählen, die Sie in Ihr Angebot aufnehmen wollen, müssen Sie verschiedene Variablen gegeneinander abwägen. Manch einer mag HP bevorzugen, weil diese Firma eine Menge "Smart Buy"-Geräte anbietet, die vorkonfiguriert sind und direkt ausgeliefert werden können. Ein anderer wiederum präferiert Dell, weil sich jede einzelne Komponente individuell anpassen lässt.

Die einen bevorzugen Geschwindigkeit, die anderen Flexibilität.

Gewiss kennen Sie den alten Spruch (mit einigen Varianten): >Preis, Qualität oder Geschwindigkeit: Suchen Sie sich zwei aus!< In der Realität müssen Sie eine Balance zwischen allen drei Eigenschaften finden, wenn Sie die Produkte auswählen, die Sie verkaufen wollen.

Ich persönlich erstrebe ein Minimum von 20% Gewinn auf Hardware und Software und ungefähr 100% auf gehostete Dienste. Wenn ich Pakete entwickle, wie mein Cloud Five Pack[*], gehe ich von weit höheren Gewinnspannen aus.

Verschaffen wir uns noch einmal einen Überblick. Wie schnell benötigen Sie das jeweilige Produkt? Wie viel Gewinn möchten Sie machen? Was können sich Ihre Kunden leisten? Welche Qualitätsklasse brauchen Sie?

All diese Faktoren beeinflussen Ihr Firmenbranding.

Beachten Sie, dass Sie nicht an jedes Produkt die gleichen Kriterien ansetzen müssen. Laptops müssen Sie wahrscheinlich schnell liefern können, weil die Kunden diese erst dann ordern, wenn sie sie benötigen. Bei Druckern hingegen bleiben Ihnen vielleicht zwei Wochen, da diese nur selten einem Notfall unterliegen.

Wie führen SIE Ihr Geschäft? Ihr Katalog sollte das reflektieren.

Allgemein gesagt, werden Sie sechs verschiedene Produktarten und Dienste verkaufen, die da sind:

- Standardisierte Hardware, Software und Materialien. Dies nennen wir Ihre Linecard. Sie bezeichnet, was Sie >jeden Tag< verkaufen.

---

[*] Siehe Kapitel VI.

- Besondere Hardware, Software und Materialien. Dies sind Verkäufe mit einem geringen Volumen, die Sie jedoch anbieten können.

- Managed Service (ein Großteil dieses Buches). Dies ist Leistung, die in Zeitblöcken oder monatlich als Flat-Rate-Service verkauft wird.

- Arbeitsstunden oder Projektarbeit, die außerhalb des Service-Rahmenvertrags verkauft werden.

- Cloud-Dienste einschließlich Virtualisierung, Hosting, Remote-Backup, etc.

- Besondere Produkte und Dienste. Diese Kategorie umfasst individuell angepasste Software, spezifische Line-of-Business-Applikationen, für die Sie der Wiederverkäufer sind, Telefonsysteme und -dienste, etc.

Ihre Linecard

Bei jedem Geschäft bilden sich mit der Zeit gewisse Standardangebote heraus. Es ist eine gute Idee, diese Liste zu formalisieren. Es wird die offizielle Liste der Produkte sein, die Sie am häufigsten an Ihre Kunden vertreiben. Es ist das physische Material, das im Büro des Kunden vorhanden sein muss. Stellen Sie sich im Geiste die einzelnen Komponenten des Netzwerks Ihres Kunden vor: Firewall, Switches, Kabel, Desktops, Laptops, Drucker, Software, Batterie-Backups und so weiter.

Ich gebe Ihnen ein Beispiel anhand unserer Verkäufe. Streichen Sie die Markennamen, die Ihnen nicht gefallen und ersetzen Sie sie durch die von Ihnen bevorzugten.

Hier ist die Zusammenfassung des Großteils von dem, was wir verkaufen:

Hardware
- HP Server
- HP Workstations

- HP Desktops
- HP Monitore
- HP Thin-Clients
- HP Backup-Drives – Disc und Tape
- HP oder Aficio Drucker
- APC UPSs (verschiedenste)
- Sonicwall oder Watchguard Firewalls
- Axcient BDR

Software

- Microsoft Windows Server (verschiedene)
- CALs je nach Bedarf für die Software
- MS SQL Server
- MS Exchange-Server
- MS Windows
- MS Office (verschiedenste)
- Was auch immer mit unserem RMM einhergeht
- Symantec Backup-Exec

Materialien

- Marken-Cat6 Kabel
- Marken-Tapes (verschiedene)
- Marken-USB-Discs (verschiedene)
- Marken-Switches
- Marken-Peripheriegeräte

Nun, das ist natürlich noch nicht alles. Wir verkaufen außerdem die gebräuchlichen Netzwerkkarten, Videokarten, Memory-Upgrade, KVM Switch, Adope Suite, etc. Aber wir versuchen keinesfalls jede Computermarke zu führen oder zu kennen, die es auf Erden gibt. Wir können nicht bei jeder Gelegenheit die Marken wechseln.

Wenn Sie Ihre Linecard über die Zeit beständig halten, maximiert das Ihre Beziehungen zu den Lieferanten, die Sie gewählt haben. Außerdem mehren sich Ihre Kenntnisse über die bestimmten Produkte, einschließlich Ihres Wissens über deren Marketing-Promotion, Rabatte etc.

An den auf unserer Liste angegebenen Produkten haben wir nur ungefähr alle fünf Jahre ein wenig geändert. Es ist schwer zu verstehen, bevor Sie nicht eine Weile im Geschäft sind, doch je länger Sie bei einer (guten) Marke bleiben, desto profitabler wird diese Marke für Sie werden.

Falls Sie noch keine offizielle Linecard aufgestellt haben, lege ich Ihnen das sehr ans Herz. Alles, was Sie brauchen, ist ein dünner Hefter. Sammeln Sie die Artikelnummern der Produkte, die Sie am meisten verkauft haben. Falls es für diese eine aktuelle Promotion gibt, notieren Sie dies. Vergessen Sie nicht, die Liste regelmäßig auf Aktualität zu überprüfen! Es geht hier nicht um nichts.

Eine gute Idee ist auch, sich über bevorzugte Einkaufsquellen Notizen zu machen. Sie können ein Tool wie Quotewerks oder Quosal benutzen, um die Preise verschiedener Anbieter zu vergleichen. Außerdem müssen Sie sich über Direktkauf, aktuelle Rabatte, Verkaufsförderungen etc. informieren.

Die Wahrheit ist, je kleiner Sie sind, desto geringer ist die Wahrscheinlichkeit, dass Sie von Werbeaktionen Ihres Händlers profitieren. Wir alle wissen doch, dass umfangreichere Bestellungen vorteilhafter sind, da Sie in den Genuss aller Werbeaktionen und -programme kommen. Gleichzeitig ist aber unsere Zeit begrenzt und dies alles bringt eine Menge zusätzlicher Bürokratie mit sich.

Selbst wenn Sie nicht von allen Programmen profitieren können, werfen Sie von Zeit zu Zeit einen Blick darauf! Versuchen Sie wenigstens, an einigen davon teilzunehmen. Mit der Zeit werden Sie herausfinden, wie Sie ein paar gute Geschäfte machen können.

Grundsätzliches zur Linecard: Tun Sie es einfach! Es kostet quasi null Aufwand und vermittelt Ihnen ein gutes Gefühl für das, was Sie verkaufen und für Ihre Beständigkeit im Laufe der Zeit.

Sonderaufträge über Hardware, Software und Materialien

Sonderauftragsprodukte sind solche, die Sie einmalig bestellen, aber normalerweise nicht führen. Das schließt Higher-End-Produkte mit ein.

Diese Produkte bieten Ihnen oftmals eine große Chance. Doch Sie müssen an zweierlei denken. Erstens müssen Sie gut darauf achten, dass Sie einen gewissen Profit machen. 20% sehe ich als guten Profit an. Vielleicht gehen Sie auf 15% oder sogar 10% herunter, aber keinesfalls weniger.

Zweitens müssen Sie sicher sein, über die Fähigkeiten und Erfahrung zu verfügen, diese Produkte zu installieren und ins Laufen zu bringen. Denn falls das nicht der Fall ist, erscheinen Sie entweder dem Kunden als inkompetent oder Sie werden viele, viele, lange Stunden investieren müssen, um sich damit >zurechtzufinden<.

Die Frage der Profitabilität ist äußerst wichtig. Bei Produkten, die Sie normalerweise nicht im Angebot haben, mögen Sie vielleicht versucht sein, mit irgendwelchen Online-Preisen, mit denen der Kunde aufwartet, zu konkurrieren. Darin liegt eine große Gefahr. Solche Firmen kaufen wahrscheinlich große Mengen ein und erhalten hohe Preisnachlässe.

Mit anderen Worten, mit diesen Preisen können Sie nicht konkurrieren.

Die auf diesem Markt lauernden Gefahren der Preisfindung kombiniert mit mangelhaften Installationskenntnissen können den Verkauf für Ihr Unternehmen zu einem Disaster werden lassen. Im besten Falle können Sie eine Menge Geld machen. Im schlechtesten Fall können Sie Zeit, Geld und das Vertrauen des Kunden verlieren.

Ich rate Ihnen dringend, der Verlockung zu widerstehen, Ihre Preise herabzusetzen. In solchen Situationen multipliziere ich meine Kosten mit 1,25. Also verkaufe ich ein Produkt, dass mich $100 kostet für $125. Es ist leicht erkennbar, dass 20% von $125 $25 sind. Diese einfache Rechnung erleichtert es mir ungemein, meinen Gewinn zu kalkulieren.

Manchmal ist mein Preis höher als der MSRP (manufacturer´s suggested retail price) oder der Preis von Online-Quellen. Ich kümmere mich nicht darum. Ich verlange den Preis, den ich haben muss. Darunter würde ich nicht genug Geld verdienen.

Dies ist eine Philosophie, die Sie einfach glauben müssen. Entweder Sie lernen es aus hundert schlechten Erfahrungen, oder Sie lernen es beim ersten Mal, indem Sie diese Politik direkt anwenden.

Dem Kunden gegenüber rechtfertigen wir das folgendermaßen: 1) Sie können gern etwas online bestellen, doch ich kann Ihnen nicht garantieren, dass es sich um genau dasselbe Produkt handelt. 2) Ich stehe für das Produkt gerade, das ich Ihnen verkaufe, wenn ich also etwas Falsches bestelle, werde ich es berichtigen.

Ob Sie es glauben oder nicht, diese Argumentation funktioniert meist. Die meisten Kunden sind nicht wirklich daran interessiert, ein paar Kröten zu sparen. Die Beziehung zu Ihnen ist wichtiger. Und Sie erzählen dem Kunden, dass die Preisdifferenz hauptsächlich auf der Versicherung beruht, dass er das Richtige erhält.

Alternativ biete ich dem Kunden manchmal auch an, ihm zu helfen, das richtige Produkt zu finden. Dies ist eine Leistung, die Sie nach unserem Vertragstarif in Rechnung stellen. Wenn also der Kunde nicht von Ihnen kaufen will, können Sie sich hinsetzen und ihm helfen, das Richtige zu kaufen. Auf diese Weise verdienen Sie doch noch etwas.

Es ist vollkommen okay, wenn Sie Ihre Kunden Hardware, Software und Materialien bei jemand anderem kaufen lassen. Sorgen Sie aber dafür, dass Ihre Geschäftspolitik Ihnen ermöglicht, in jedem Fall Geld zu verdienen!

Managed Service

An dieser Stelle werde ich auf Managed Service nicht näher eingehen, dreht sich doch das gesamte Buch darum.

Leistung auf Stundenlohn-Basis

Dieses Thema behandle ich bereits an manch anderen Stellen in diesem Buch, doch nicht im Detail. Stundenlohn-basierte Leistung lässt sich einfach in Projekte und Break/Fix aufteilen.

Ein Projekt hat normalerweise einen etwas größeren Umfang als unsere alltäglichen Leistungen. Zum Beispiel handelt es sich um ein Projekt, wenn ich E-Mail von in-house zu gehostet wechsle oder einen Server migriere.

Wir lieben es, Projekte für eine Pauschalgebühr auszuführen. Die Bücher *The Super-Good Project Planner for Technical Consultants* und *The Network Migration Workbook* beschreiben unseren Prozess zu Berechnung und Management von Projekten. Grundsätzlich müssen Sie ein System entwickeln, sodass Sie ein gewisses Polster haben und kein Geld verlieren. Mit der Zeit werden Sie besser darin werden.

Ein Stundenlohn für Break/Fix-Leistungen fällt sogar bei Kunden mit Managed Service an. Adds, Moves und Changes (AMC) sind nicht vertraglich gedeckt. Wenn also jemand ein Programm installiert haben möchte, wird das in Rechnung gestellt.

Einige Kunden zahlen vielleicht lediglich für Monitoring-Services. Diesen ist daher jede Arbeitsstunde in Rechnung zu stellen. Kunden, deren Vertrag nur Remote-Leistungen umfasst, zahlen für jede Onsite-Leistung. Das Gleiche gilt für Arbeitsstunden nach Feierabend.

Wir gehen davon aus, dass ein Kunde durchschnittlich zusätzlich 25 % seiner monatlichen Managed Service-Rechnung für in Rechnung zu stellende Arbeiten aufbringen muss. Einige Kunden liegen weit darunter, andere wiederum weit darüber.

Ihr Managed Service-Vertrag sollte sehr deutlich formulieren, in welchen Situationen Leistungen, die normalerweise anderweitig gedeckt sind, in Rechnung zu stellen sind (z.B. After-Hours, Add-Move-Change etc.) Der Vertrag sollte ebenfalls genauestens den Preis für die Leistungen festlegen, der unter dem liegen sollte, den Sie Kunden ohne Vertrag berechnen.

Cloud-Services

In Kapitel I., 3 habe ich dieses Thema bereits umfassend abgehandelt. Hier möchte ich lediglich anmerken, dass es viele, viele Arten von Cloud-Services gibt. Der größte Teil von uns bietet ein Sortiment an gehosteten Diensten, Backups, Speicherdiensten und so weiter an.

Die spezifischen Dienste, die Sie verkaufen, richten sich an der Art der Netzwerke und der Kunden aus, die Sie betreuen. Es ist wichtig, Ihre Cloud-Dienst-Angebote an Ihre übrigen Angebote anzupassen.

Besondere Produkte und Dienste

Diese Kategorie unterscheidet sich von der oben behandelten Sonderauftrags-Kategorie. Diese umfasst individuell angepasste Software, spezifische Line-of-Business-Applikationen, für die Sie als Wiederverkäufer auftreten, Telefonsysteme und -dienste etc.

Wenn Sie sich zum Beispiel darauf spezialisiert haben, Immobilienhändler zu betreuen, sind Sie vielleicht Wiederverkäufer für Yardi Voyager (www.yardi.com) oder Rent Manager (www.rentmanager.com).

LOBs oder Line-of Business-Applikationen gibt es für beinahe jeden Geschäftszweig. Für einige - wie Anwälte und Buchhalter – gibt es zahllose Optionen. Für andere Geschäftsbereiche weniger.

Einige dieser Produkte sind gehostet, andere müssen onsite installiert werden. Mehr und mehr verändern sich LOBs zu gehosteten Modellen, was es weitaus leichter macht, sie zu managen (und weniger lukrativ für Sie).

Ob gehostet oder nicht, einige LOBs erfordern ein erhebliches Maß an Schulung, um sie ordentlich betreuen zu können. Für manche ist es sogar nötig, ein spezielles Training zu absolvieren, das recht teuer sein kann.

Allgemein kann man sagen, je mehr Zeit, Mühe und Geld es kostet, um solch eine Applikation zu bedienen, desto mehr Geld werden

Sie verdienen. Falls Sie eine (oder zwei) Marktnischen entdecken, kann sich eine besonders gute Schulung in diesen Softwareprogrammen sehr profitabel auswirken.

Ihr Katalog

Diese sechs Angebotskategorien vertreten das, was Sie verkaufen. Bitte greifen Sie nicht auf Angebote zurück, die Sie nur auflisten, weil Sie auf Kundenanfragen reagieren. Ab einem gewissen Punkt sollten Sie Ihre Linecard und den anderen Katalog an Produkten und Diensten ganz bewusst kreieren.

Ihre Auswahl sollte in Kombination mit dem von Ihnen angebotenen Managed Service einen Sinn machen. Verkaufen Sie nicht einfach das, was leicht zu verkaufen ist oder Produkte, die Ihnen von Leuten auf Konferenzen angepriesen werden. Kreieren Sie IHR eigenes Angebot und die zu Ihrem Geschäft passenden Pakete.

Ich persönlich habe eine Vorliebe für First-Class-Business-Ausstattung. Ich verkaufe HP Server und Desktops, weil die Business-Class-Geräte von HP einfach immer mit beinahe null Fehlern funktionieren. Wir verkaufen Business-Class-Firewalls, -Switches und -Batterie-Backups. Das kostet zwar ein bisschen mehr, dafür arbeiten die Produkte aber auch signifikant verlässlicher als die Lower-End Non-Business Alternativen.

Wir suchen uns Software- und Hardware-Händler aus, mit denen man auf partnerschaftlicher Ebene gut zusammenarbeiten kann. Wir bevorzugen Programme, die uns eine direkte Beziehung zu unseren Kunden erlauben, sodass der Kunde niemals mit dem Händler in Kontakt kommt.

Einer der wichtigsten Gründe, warum ich so gerne professionelle Konferenzen besuche, liegt darin, dass man so viel über Tools, Produkte und Services lernt. Es ist erstaunlich, wie viele verschiedene Partnerprogramme es gibt. Eine gute Wahl zu treffen erfordert Selbstbildung. Und ein paar gute Kontakte zu Händlern können auch nicht schaden.

Also noch einmal: Bitte *wählen* Sie die Produkte für Ihren Katalog sorgfältig aus! Der Katalog soll Ihrem Geschäft dienlich sein. Überlassen Sie nichts dem Zufall.

Das sollten Sie sich merken:

1. Wie beeinflusst >das, was Sie verkaufen<, das Branding Ihres Unternehmens?

   _____

   _____

2. Was soll Ihr Markenname verkörpern? (z.B. >Nur das Beste< oder >Immer der Billigste<)

   _____

   _____

3. Wie beeinflussen Preis, Qualität und Schnelligkeit Ihr Angebot?

   _____

   _____

Damit sollten Sie sich zusätzlich beschäftigen

Anmerkung: Ich lasse die Markennamen aus, die im Linecard-Abschnitt erwähnt werden

- Rent Manager – www.rentmanager.com
- Quosal – www.quosal.com
- Quotewerks – www.quotewerks.com
- Yardi Voyager – www.yardi.com

13.   BDR und Backup

Ich würde sagen, dass Backup und Disaster-Recovery Ihre wichtigsten >Add-on<-Dienste sind. Ich habe lang und breit beschrieben, wie wichtig es ist, die Backups zu testen, weil das Wichtigste, das ein Kunde jemals von uns verlangen wird, ganz einfach das Wiederherstellen seines Systems nach einer Krise sein wird.

Als ich begann, Disaster-Recovery-Pläne zu entwickeln (1993), waren bildbearbeitende Geräte noch nicht möglich oder praktisch einsetzbar. Backups waren langsam und Recovery noch langsamer. Es gab gute Angewohnheiten und schlechte Angewohnheiten.

Für mein unabhängiges Consulting-Unternehmen (1995) war es ein großes Glück, dass die meisten IT-Consultants sehr schlechte Angewohnheiten hatten. Daher war es mir ein Leichtes, mich einzubringen und neue Kunden zu gewinnen. Es bedurfte zweier grundlegender Schritte: 1) Ich musste deutlich die Tatsache herausstellen, dass den Kunden kein Backup zur Verfügung stand, obwohl sie eines bezahlten. 2) Ich musste Ihnen einen Vertrag über den Tisch schieben.

Kunden sind nicht dumm – aber ungebildet

Ich mag zwar den Gedanken nicht, Kunden, deren Unternehmen genug Gewinn einbringt, um mich beauftragen zu können, Dummheit zu unterstellen. Doch wenn Sie sich bei ihnen nach ihrem Backup erkundigen, denken sie, Sie fragen nach einer unterbrechungsfreien Stromversorgung oder einem Spiegelmagnetplattenlaufwerk.

Daher müssen Sie die Kunden darüber belehren, was ein Backup wirklich bedeutet und warum es sich lohnt, dafür zu bezahlen.

Ich persönlich beginne solch eine Erklärung mit der Beschreibung eines Desasters, weil das leicht zu verstehen ist. In Wahrheit dienen Backups viel eher dazu, aus Versehen gelöschte Daten wiederherzustellen, als Systeme nach einem Feuer oder einer Überschwemmung wiederherzustellen. Doch ich entwerfe zuerst das Bild einer Katastrophe, weil es so einleuchtend ist.

Ich benutze die Einleitung: >Falls das Gebäude aufhört zu existieren …< Dann erkläre ich, dass wir dafür sorgen müssen, das Geschäft des Kunden wiederaufbauen zu können. Das gibt mir einen Rahmen, innerhalb dessen ich beschreiben kann, wie das gegenwärtige System des Kunden arbeiten sollte (ob es das tut oder nicht). Das wiederum schafft die Voraussetzungen dafür, dass der Kunde sich so entwickelt, wie wir ihn *gern sehen*.

Mit der Zeit können die Kunden über die verschiedenen Ebenen einer Disaster-Vorbeugung aufgeklärt werden. Eine Option wäre ein reines Onsite-Backup, bei dem man zwischen Backup und externer Festplatte hin und her switcht. Das ist keine sehr robuste Methode und wenn das Gebäude niederbrennt, kann man nichts wiederherstellen.

Des Weiteren gibt es manuelle Prozesse (Disks oder Tapes), bei denen das Band offsite gewechselt wird. Obwohl uns das entzückenderweise an das Jahr 2010 erinnert, sind diese Systeme meist langsam und erfordern einige Mühe, um nach einem Störfall das Geschäft des Kunden wieder ins Laufen zu bringen.

Wenn man hingegen ein BDR-Device (Backup and Disaster Recovery Device) benutzt, hat der Kunde während eines Desasters sofortigen Zugriff auf seine Daten. Dies geht natürlich mit einem höheren Preis einher als die anderen Optionen. Wenn Sie dann noch ein Abbild an die Cloud senden, sind Sie noch flexibler, aber auch teurer.

Wie Sie gleich sehen werden, wird es viel einfacher, dem Kunden diese Optionen zu präsentieren und ihm zur Wahl zu stellen, je klarer Sie die verschiedenen Möglichkeiten definieren.

Was sollten Sie anbieten?

Ich habe im Laufe der Jahre eine Menge über Backups geschrieben. Hier ist nicht der passende Ort für eine Zusammenfassung. Unser Ziel besteht vielmehr darin, herauszufinden, was Sie als Teil Ihres Managed Service anbieten sollen.

Weil dies ein Buch über Managed Service ist, werde ich an dieser Stelle eine Prämisse setzen: Sie unterhalten eine andauernde Beziehung zu Ihrem Kunden. Das bedeutet, Sie werden zur Stelle sein, wenn es an der Zeit ist, Dateien oder gar einen kompletten Server wiederherzustellen. Sie werden das System des Kunden warten. Sie werden es testen. Und der Kunde besitz jedes Recht, Sie dafür verantwortlich zu machen, dass das Backup und die Recovery-Optionen wie beabsichtigt funktionieren.

Wenn man dies als gegeben ansieht, kann ich drei Backup-Optionen empfehlen:

1) Die Disk oder das Tape der alten Schule. Onsite, aber offsite gewechselt.

2) BDR onsite, doch mit einem Abbild in der Cloud.

3) Ein einfaches Backup im gehosteten Cloud-Speicher.

Dies sind sehr verschiedene Angebote, die wir uns jetzt näher betrachten.

Ich nenne die Disk/Tape-Option alte Schule, weil es sie seit mehr als 60 Jahren gibt. Wie ich bereits zuvor erwähnte, sind Tapes super-zuverlässig. Doch sie haben nun mal einen gerechtfertigt schlechten Ruf, weil sie nicht immer >einfach so funktionieren<.

Doch zumeist ist der Menschen für das Versagen der Disk/Tape-Option verantwortlich. Jemand muss die Discs/Tapes wechseln. Jeden Tag. Und wenn das Backup von einem Medium zum anderen wechselt, muss jemand das Tape/die Disc zweimal am Tag wechseln. Dann muss jemand sicherstellen, dass die Disc/das Tape offsite läuft. Und trotz allem, wenn sich alle Medien im selben Gebäude befinden und dieses abbrennt, haben Sie keine Chance, das Geschäft wieder ins Laufen zu bringen.

Zu all dem kommt noch hinzu, dass das ganze System sorgfältig designed und installiert werden muss. In diesem Fall bedeutet sorgfältig sowohl in Bezug auf die Mechanik als auch in Hinblick auf die Anlage einer idealen Anzahl an Wiederherstellungspunkten.

Meiner Meinung nach stellt die benötigte Backup-Zeit kein großes Problem dar. Wenn Sie von 21:00 bis 7:00 Uhr Zeit haben, ein Backup zu vervollständigen, ist das machbar. Falls Sie mehr Zeit brauchen, um alles auf ein Tape zu bekommen, benötigen Sie entweder ein schnelleres Tape (Disk)-System oder ein System mit zwei Tapes (Disks).

Geschwindigkeit wird nur zu einem Problem bezüglich der *Wiederherstellungszeit*. Falls ein Kunde seinen Server 10-12 Stunden offline haben kann, ist die Wiederherstellung von Tape oder Disk wahrscheinlich die beste Lösung.

Als Techno-Goober glauben wir manchmal, dass alles andere als die neueste, modernste Technologie schlecht ist. Doch in Wahrheit, wenn für den Kunden das Preis-Leistungs-Verhältnis stimmt, ist es vielleicht genau das Richtige. Sogar Google und Amazon gehören zu den größten Nutzern von Tapes für Backups in der Welt. Manchmal zählt einfach das perfekte Preis-Leistungs-Verhältnis.

BDR onsite und ein Backup in der Cloud hat sich während der letzten Jahre als die beliebteste SMB-Option herauskristallisiert. Der größte Nachteil liegt hier im Preis, besonders mit der Cloud-Speicher-Komponente. Der größte Vorteil einer BDR besteht darin, dass man das Geschäft des Kunden innerhalb kürzester Zeit wieder zum Laufen bringen kann – manchmal in weniger als einer Stunde.

Die meisten Kunden unterzeichnen für ihr BDR-System einen Dreijahresvertrag. Aber verfallen Sie nicht dem Irrglauben, Sie würden einen Kunden, dem Sie wenig Service liefern, halten können, nur weil dieser mit Ihnen für ein Produkt einen Vertrag über drei Jahre abgeschlossen hat. Wir haben BDRs von mehreren IT-Unternehmen übernommen, mit denen die Kunden wegen ihres geringen Service nicht mehr zufrieden waren.

Am Ende kümmert sich der BDR-Händler mehr um den Endnutzer als Sie – was auch immer die Ihnen erzählen mögen. Wenn ich mit dem Brief eines Interessenten zu Ihrem BDR-Händler gehe und ihm sage, dass der Kunde wechseln und von mir gemanagt werden will, wird der Händler dafür sorgen, dass dies geschieht. Also: 3-Jahres-Verträge sind großartig. Aber schlechter Service beendet jede Beziehung.

Viele MSPs haben einen Großteil ihres Geschäfts um die Back-up-Komponente, insbesondere BDR, herum aufgebaut. Gemäß meiner Philosophie bezüglich der zentralen Bedeutung der Daten-wiederherstellung bei der Betreuung eines Kunden, bin ich ein großer Fan dieser Haltung.

Sie müssen die wichtige Entscheidung treffen, ob Sie Backup/BDR als Extra anbieten, oder ob dies in Ihrem Platinumtarif eingeschlossen ist. Beides ist okay. Vielleicht bieten Sie es auch zuerst als Extra an, und später, wenn ein paar Jahre ins Land gestrichen sind und die meisten Ihrer Kunden bereits ein BDR haben, nehmen Sie es in Ihren Platinumtarif auf.

Sowohl die Disk/Tape, als auch die BDR-Lösung, gehen davon aus, dass Sie den kompletten Server wieder in seinen vorherigen Zustand bringen müssen, falls er versagt (oder durch Überschwem-mung, Feuer etc. zerstört wird). Doch in vielen modernen Büros sind es die Daten, die am wichtigsten sind, nicht der Server.

Falls ein Kunde jedoch nicht genau *denselben Server* genau so konfiguriert, *wie zuvor* benötigt, dann ist ein Geräteabbild nicht unbedingt erforderlich.

Je mehr die Leute zu Cloud-Diensten wechseln, desto weniger Server laufen onsite. Vielleicht gibt es einen NAS (Network Area Storage) onsite. Oder Daten werden in einem Cloudlaufwerk gespeichert. In solch einem Fall müssen Sie lediglich eine Kopie *der Daten* wiederherstellen.

Jahrelang habe ich JungleDisk benutzt, was mir sehr gefallen hat. Jetzt gibt es eine zunehmende Anzahl an Disk-zu-Cloud und Cloud-zu-Cloud Backup-Optionen. Viele haben Dateiversionie-rung und andere Features und sind daher flexibler als Abbilder.

Nehmen Sie die Wahl nicht zu leicht. Rufen Sie sich alles ins Gedächtnis, das ich im letzten Kapitel gesagt habe. Es geht um Ihren Markennamen. Welcher ist >Ihr Weg<, um Backups zu erstellen? Was können Sie empfehlen? Hinter welcher Option stehen Sie?

Wählen Sie ein paar Backup-Optionen aus. Definieren Sie diese in einem Katalog. Sie sollten zwei oder drei Optionen anbieten. Üben Sie, die Vor- und Nachteile jedes einzelnen so zu präsentieren, dass der Kunde sich die passende Option aussuchen kann.

Wenn wir schon einmal darüber reden, ich würde im Vertrag einen Platz für die Unterschrift des Kunden freilassen, mit der er die Wahl des Backup-Systems bestätigt. Dies sollte ein Paragraph sein, der definiert, wie das Disaster-Recovery voraussichtlich aussehen wird (was ist eingeschlossen, wie viel wird verloren gehen, wie lange wird es dauern).

Ich mag es wirklich nicht, an dieser Stelle große Versprechen einzugehen oder Vereinbarungen über das >Niveau meines Service< zu treffen. Sie tun alles, was in Ihrer Macht steht, und Ihre Anwälte müssen die richtige Formulierung finden, die Ihre Haftung beschränkt.

Die Geschwindigkeit der technologischen Veränderungen ist in aller Munde. Backup-Strategien und -Technologien ändern sich stetig. Das bedeutet, Sie müssen mindestens einmal in fünf Jahren neu überdenken, was Sie anbieten.

Wenn wir über Speicher reden, bleibt festzustellen, dass sich was wir speichern und wo wir es speichern, ständig ändert. Unsere Erwartungen an ein Backup verändern sich ebenso. Entscheiden Sie, was Sie verkaufen wollen und wie Sie Pakete daraus machen können.

Und, was selten genug der Fall ist, wenn Sie sich wirklich leidenschaftlich für etwas wie BDR interessieren, überlegen Sie sich, ob Sie dies nicht zum zentralen Punkt Ihres Managed-Service-Geschäfts machen wollen. Ihr einziges Verkaufsargument ist dann vielleicht die Garantie auf weniger als eine Stunde Geschäftsausfall, egal was passiert – oh, und natürlich liefern Sie auch Managed Service.

Das sollten Sie sich merken:

1. Wie lauten die drei grundsätzlichen Optionen für Backup-Systeme?

   _____

   _____

   _____

2. Was sind die größten Stärken und Schwächen des Backup/BDR-Systems, das Sie am meisten verkaufen möchten?

   _____

   _____

   _____

3. Warum sollte der Kunde die Wahl des Backup-Systems durch seine Unterschrift bestätigen?

   _____

   _____

   _____

14. VOIP, Signage, Sicherheit und Mehr

Während der letzten fünf Jahre habe ich mehrere Artikel über die sich verändernde Natur unseres und anderer Geschäftszweige der TCP/IT-Technologie berührt. Meine feste Überzeugung lautet:

Wir – die SMB-IT-Consultants – werden in den nächsten zehn Jahren alle IP-basierten Technologien dominieren.

Als ob die Liste nicht bereits lang genug wäre, wächst sie jedes Jahr. Zusätzlich zu IT->Infrastruktur<-Diensten wie Routing, Internet-Connectivity, Firewalls, Switches und Verkabelung habe ich verkauft:

- IP-basierte EDI – Electronic Data Interchange Services (1995-96 war ich einer der Pioniere einiger dieser Dienste)
- IP-basierte Point-of-Sale-Systeme im Einzelhandel
- IP-basierte Inventarsteuerungssysteme
- IP-basierte Echtzeituhren
- IP-basierte Kamerasysteme
- IP-basierte Signage
- IP-basierte Büromaschinen
- IP-basierte Telefonsysteme
- IP-basierte medizinische bildgebende Systeme

Können Sie ein Muster erkennen? Die moderne Technologie basiert immer mehr auf IP- und TCP/IP-Networking. Interessanterweise bedeutet das, dass es so aussieht, als ob die Zahl der potentiellen Konkurrenten steigt.

Tatsächlich wird die Mehrzahl dieser Leute niemals wirklich eine Konkurrenz darstellen.

Diese Konkurrenten sollten im Gegenteil SIE fürchten.

Übrigens, verkauft habe ich nicht:

- IP-basierte Beleuchtungssysteme
- IP-basierte Werkzeugmaschinen, Schneidemaschinen, Ausrüstung für Fabrikation
- IP-basierte 3D-Drucker
- IP-basierte Sicherheitsdienste
- IP-basiertes Internet-of-Things (IoT)
- IP-Integrated-GPS-Tracking-Systems
- IP-basierte Automobildienstleistungen
- etc.

Es hat sich eine neue Arena für IP-basierte Produkte und Dienste entwickelt. Und wenn ich sage >entwickelt<, meine ich *schnell* entwickelt. Einige Elemente haben sich bereits sehr gut etabliert, so z.B. SMB-IT-Support, VOIP und Büromaschinen. Andere versuchen gerade erst, Fuß zu fassen, wie z.B. Beleuchtungssysteme und IoT.

Auf all diesen Gebieten sehe ich drei Spieler in der Arena:

1. Diejenigen, die sich mit TCP/IP und angeschlossenen Protokollen gründlich auskennen und diese verstehen.

2. Diejenigen, die einen großen Namen und große Verkaufsteams haben und versuchen, eine oder mehrere der neuen Technologien zu erlernen.

3. Diejenigen, die eine spezifische Technologie von Grund auf beherrschen, aber TCP/IP erlernen müssen.

Sie gehören zur ersten Gruppe – zumindest sollten Sie das, wenn Sie ein guter Managed Service Provider sein wollen. Das bedeutet, entweder verfügen Sie selbst über die benötigten TCP/IP-Fähigkeiten oder Sie sind bereit, jemanden einzustellen, der diese besitzt. Sie kennen sich mit dem Small Business ebenso aus wie mit DNS, DHCP, POP3, IMAP und all der damit einhergehenden Fehlersuche und -behebung.

Die zweite Gruppe umfasst grundsätzlich >große Spieler<, die den Kleinunternehmerbereich besetzen wollen. Einige (Dell, Geek Squad, Staples, Ihre Telefongesellschaft) versuchen das bereits seit zwei Jahrzehnten. Andere wiederum verstehen ein paar Grundzüge der SMB-IT-Möglichkeiten und wollen den Mittelspieler eliminieren – nämlich Sie! Dazu zählen Ingram Micro, Synnex und der lokale Kabelvertreiber.

Diese Gruppe versteht zwar ihr eigenes, nicht aber das Kleinunternehmergeschäft. Diejenigen, die zu dieser Gruppe gehören, wissen zwar etwas über Netzwerke, kennen aber nicht die gesamte Netzwerk-Infrastruktur. Sie besitzen zwar Kenntnisse über einige Sicherheitskomponenten, können sich aber kein umfassendes Bild machen.

Mit anderen Worten, sie passen nicht besonders gut zur Unterneh-
menskultur. Und nach all den Jahren haben sie immer noch nicht
gelernt, dass sie nichts über all die miteinander in Wechselbezie-
hung stehenden Technologien wissen, die sie beherrschen müssen,
wenn sie SMB-Kunden betreuen wollen.

Die dritte Gruppe schließlich besteht aus vielen Unternehmen, die,
jedes für sich genommen, einen kleinen Teil des Netzwerks verstehen, aber glauben, sich den Rest aneignen zu können. Und genau
an dieser Stelle **werden Sie zur Bedrohung für diese**. Sie können die technische Seite deren Geschäftes viel leichter erlernen als
andersherum.

Einige dieser Unternehmen treiben sich schon seit Jahrzehnten auf
diese Art herum. Wir sind doch alle schon einmal dem Techniker
für Bürogeräte in die Arme gelaufen, der sich eine unangemes-
sene Adresse im Subnet greift und den Bürokopierer als einen
DHCP-Server installiert. Diesen Leuten begegnen wir ständig und
nach all den Jahren haben sie immer noch nicht begriffen, was sie
falsch machen.

Alles was sie von DNS verstehen ist *Primary Server, Secondary Server* und *Gateway*. Und das vermasseln sie! Sie können noch nicht
einmal ihr eigenes Equipment im Netzwerk installieren.

… Und diese Leute träumen davon, Ihnen die Kunden wegzunehmen.

(Wenn wir uns jetzt in einer Liveshow befinden würden, gäbe es an
dieser Stelle viel Gelächter und wissendes Lächeln.)

Alle Geschäftszweige, die sich auf TCP/IP zubewegen, werden eine
Phase durchmachen, in der sie glauben, ins Managed Service-Geschäft einsteigen zu können. Dabei versuchen sie eine Architektur
zu erlernen, die *Sie* bereits perfekt beherrschen.

Müssen Sie lernen ein IP-Kamerasystem, ein IP-Sicherheitssys-
tem oder ein IP-Telefonsystem auf Fehler zu untersuchen? Die
für Sie wichtigste Fähigkeit ist ein gutes, gründliches Verständnis
von TCP/IP. Wenn Sie zusätzlich noch Ahnung von dem 7-Layer
OSI-Modell haben, ist das sogar noch besser.

Mit anderen Worten, all diesen Unternehmen mangelt es grundlegend an der einen Fähigkeit, die *Sie* meisterhaft beherrschen!

Mir geht es hier keineswegs darum, dass Sie sich gegenüber diesen Leuten verteidigen sollten. Nein. Ich möchte, dass Sie sie angreifen! Ich möchte, dass Sie sich all diese Technologien näher ansehen und ein oder zwei Ihrem Katalog hinzufügen.

Bürogerätefirmen und Telefoninstallateure behaupten bereits seit Jahren, Ihr Geschäft übernehmen zu wollen. Haben Sie Erfolg gehabt? So gut wie keinen. Und es geht noch über TCP/IP hinaus.

Sie beherrschen noch nicht einmal die Non-TCP-Technologien. Leute, die Telefone installieren, müssen generell keine Kenntnisse über RAID-Arrays, Active Directory oder Firewalls besitzen. Leute, die Büro-Scanner/Kopierer installieren verfügen nicht über das Wissen, ein SAN oder einen Intermittent-Wireless-Access-Point auf Fehler zu untersuchen.

Für Sie ist es an der Zeit, diese Dienste in Ihr Angebot aufzunehmen! Sie können erlernen, mit Signage, IP-Kameras, Sicherheit, Home-Automation und mit jeder anderen Technologie umzugehen.

Lassen Sie mich das jetzt alles ein bisschen relativieren. Machen Sie keinen Fehler: All diese Leute werden sich mit Networking und dem Rest *Ihres* Jobs vertraut machen. Tatsächlich müssen sie lediglich einen Netzwerk-Techniker einstellen und schon sind sie Ihnen auf den Fersen.

Während Sie versuchen, deren Geschäft zu ergattern, sind jene hinter Ihrem her. Doch ich glaube trotz allem, dass *Sie* über enorme Vorteile verfügen.

Die größte Stärke dieser Unternehmen liegt in ihrer Verkaufsabteilung. Sie verfügen über eine Menge Leute, die nichts anderes tun, als Kunden zu jagen. Ihre größte Chance sind kleine Unternehmen, die noch niemals zuvor technischen Support in Anspruch genommen haben. Ihre ideale Zielgruppe hat kein wirkliches Budget und ist wahrscheinlich nicht bereit, viel zu zahlen.

Mit anderen Worten, deren ideale Zielgruppe besteht aus einem Klientel, dass *Sie* wahrscheinlich überhaupt nicht als Kunden haben wollen.

An dieser Stelle möchte ich den Abschnitt über >weitere< Dienste, die Sie vielleicht Ihrem Managed Service-Angebot hinzufügen möchten, abschließen. Bitte nehmen Sie sich die Zeit, werfen Sie einen Blick auf diese Dienste und überlegen sich, welche Sie vielleicht anbieten wollen!

Denken Sie auch daran, dass es viele Spezialzeitschriften für all diese Industrien gibt. Falls Sie schnell auf dem neuesten Stand sein wollen, denken Sie daran, diese Zeitschriften zu lesen. Sie werden erfahren, wer die wichtigsten Spieler und wer die Vertreiber sind und viele der Produkte kennenlernen, die heute angeboten werden.

Das sollten Sie sich merken:

1. Warum haben TCP/IP-Kenntnisse den größten Stellenwert innerhalb Ihrer Fähigkeiten?

   _____

   _____

2. Warum sollten Sie sich nicht darum sorgen, dass eine wachsende Zahl von Unternehmen versucht, in den Managed Service-Bereich einzudringen?

   _____

   _____

3. Wenn Sie Ihre >Linecard< ausfüllen: Welche neuen TCP/IP-basierten Technologien werden Sie in Ihr Angebot aufnehmen?

   _____

   _____

V. Stellen Sie Ihr (neues) Geschäft auf die Beine

15. Jäten Sie Ihren Kundengarten und stellen Sie Ihren Plan fertig

Informationen zu diesem Thema finden Sie auch in verschiedensten Posts unter http://blog.smallbizthoughts.com. Suchen Sie innerhalb des Blogs nach >Weeding Your Garden<.

Das haben wir bereits hinter uns:

- Beginnen Sie, einen Plan zu entwickeln

- Regeln und Geschäftspolitik

- Seien Sie sich bewusst, was Sie wissen

- Kreieren Sie eine dreistufige Preisstruktur

- Beginnen Sie, sich mit zusätzlicher Hardware, Software und Diensten vertraut zu machen, die Sie verkaufen können

So, und jetzt ist es an der Zeit, Ihren Kundengarten zu jäten. Das heißt, Sie werden Grenzen ziehen, einige Regeln aufstellen und wahrscheinlich ein paar Kunden rauswerfen.

Es ist natürlich auch möglich, dass Sie keinen Ihrer Kunden loswerden wollen. Trotzdem wird sich dieser Prozess als nützlich erweisen, denn Sie müssen sich bewusst sein, warum Sie die entsprechenden Kunden behalten wollen.

Anmerkung: Falls Sie brandneu im Consulting sind, werden Sie wahrscheinlich nur wenige Kunden haben. Obwohl dieser Prozess sich für Sie also wahrscheinlich nicht sehr umfangreich gestaltet, lohnt es sich trotzdem, ihn durchzuarbeiten.

Widmen Sie sich wieder Ihrem Plan

Ganz zu Anfang haben wir damit begonnen, einen Plan zu entwerfen. Seitdem haben Sie viel gelernt: Woher Ihr Geld kommt, welche Dienste Sie anbieten und wie Ihre Kunden aussehen sollten.

Ich hoffe, Sie haben das Blatt mit Ihrer Preisstruktur inzwischen fertiggestellt. Nehmen Sie gutes 24Ib. Papier und drucken es in Farbe aus. Nach einiger Zeit, wenn Sie vollkommen davon überzeugt sind, dass Sie es in Stein meißeln könnten (für die nächsten zwölf Monate sowieso), können Sie es auf hübschem Papier ausdrucken.

Wir bevorzugen einen digitalen Online-Printshop, der ein sehr nettes, elegantes Handout zu einem guten Preis produzieren kann. Ich arbeite bereits seit ein paar Jahren liebend gern mit OverNight-Prints.com. Doch natürlich gibt es tausende von Optionen.

Ihre Preistabelle ist eine Zusammenfassung Ihrer Angebote und deren Preise. Lassen Sie uns jetzt einen Schritt weitergehen und überlegen, wie Ihre Kunden reagieren werden.

Erstens: Haben Sie irgendeinen Kunden, den Sie jetzt gerade loswerden wollen? Vielleicht bezahlt er nicht pünktlich. Oder jeder kleine Besuch artet in ein unprofitables Projekt aus. Oder man kann einfach nur schlecht mit ihm zusammenarbeiten.

Wie auch immer. Das ist recht einfach. Schreiben Sie einen Brief und teilen Sie ihm mit, dass Sie ihm keinen technischen Support mehr liefern können. Wenn Sie glauben, ihn guten Gewissens an einen anderen Consultant verweisen zu können, tun Sie das.

Zweitens: Fertigen Sie drei Listen an. Sie haben es erraten: Platinum, Gold und Silber. Nun versuchen Sie zu raten, welchen Vertrag sich die Kunden jeweils aussuchen werden, basierend auf früher geleisteten Diensten. Vergessen Sie nicht: Erfahrungen der Vergangenheit sind keine Garantie für Ergebnisse in der Zukunft.

Wir waren angenehm überrascht, als einige Kunden, von denen wir gedacht hatten, sie würden uns verlassen, einen Vertrag eingegangen sind. Aber, hey: Wenn die Kunden bereit sind, die Regeln zu akzeptieren, die Sie mit Ihrem Preisblatt festgelegt haben, sind sie gewiss willkommen, richtig?

Bewahren Sie die Liste auf. Wir werden in einigen Tagen darauf zurückkommen. Fürs Erste versuchen Sie festzulegen, wer Ihrer Meinung nach welchen Vertrag mit welcher Wahrscheinlichkeit unterzeichnen wird.

Nun überdenken Sie den Plan noch einmal. Fühlt er sich richtig an? Haben Sie definiert, welche Kunden Sie behalten wollen und ein System um diese herum aufgebaut? Ist die Preisgestaltung gut?

Anmerkung: Falls Ihnen im letzten Jahr einmal der Gedanke gekommen sein sollte, Ihre Tarife zu erhöhen, so ist das ein Zeichen, dass dies bereits überfällig ist. Erhöhen Sie also zwei Tarife, den für Leistungen ohne Vertrag und den beliebtesten Tarif Ihrer Service-Rahmenverträge. Da niemandem jemals die Leistungen ohne Vertrag in Rechnung gestellt werden, können Sie einen beliebigen Preis festlegen. Falls die Norm in Ihrer Stadt bei $125 liegt, dann wählen Sie $150. Dann können Sie den beliebtesten Tarif bei $135 ansetzen.

Wenn Sie jetzt denken sollten, Ihre Kunden werden sich dagegen sträuben, FRAGEN SIE sie. Übernehmen Sie nicht die Rolle Ihres Gesprächspartners und glauben zu wissen, was Ihr Kunde denkt. Lassen Sie ihm seinen Teil des Gesprächs.

Wie dem auch sei, legen Sie Ihre Tarife fest!

Nun haben Sie also definiert, wer Sie sind, was Sie anbieten, wer Ihre Kunden sind, die von Ihnen verkauften Dienste und die zu berechnenden Preise. Und schon haben Sie den Inhalt Ihres Service-Rahmenvertrags!

Anmerkung zu Armut

Sie brauchen nicht jeden Cent aufzulesen, den Sie finden. Ganz und gar nicht. Sehr kleine Consultants steigen ins Geschäft ein, indem sie jeden Dollar und jeden Job annehmen, über den sie stolpern. Doch Sie haben das nicht nötig.

Jeden x-beliebigen Kunden zu betreuen ist belastend. Es kostet Zeit, Rechnungen zu verschicken. Und wenn ein kritisches System, für das Sie verantwortlich sind, zusammenbricht, müssen Sie sich darum kümmern, selbst wenn der Kunde Leistungen im Wert von $500 im Jahr kauft.

Wenn Ihr Managed Service erst einmal läuft, werden Sie termingebundene Arbeiten ausführen müssen (was für ein Konzept) und Kunden besitzen, die große Summen zahlen. Vermeiden Sie es also, sich selbst in die Situation zu manövrieren, einen $1000/Monat-Kunden laufen lassen zu müssen, da Sie hinter einem $500/Jahr-Kunden herlaufen müssen, dem etwas zusammengebrochen ist.

Denn Sie können diesen Kunden natürlich nicht hängen lassen, wenn er anruft und sagt, der Server qualme. Sie müssen ihn also an jemand anderen weitergeben, bevor solch ein Fall eintritt, damit er jemanden anrufen kann, wenn er Hilfe braucht.

Erinnern Sie sich daran, als wir die Berichte erstellt haben (siehe den Abschnitt >Seien Sie sich bewusst, was Sie verkaufen<)? Nehmen Sie jetzt diese Berichte zur Hand.

Auf der Liste, die alle Kunden nach verkaufter Arbeit/Jahr sortiert, ziehen Sie jetzt eine Linie bei $500. Dann eine weitere bei $1000. Wie viele Kunden liegen unter $500? Wie viele unter $1000?

Wichtiger: Wieviel Geld machen Sie oberhalb dieser Linien. Also wie viele zehntausende von Dollar kommen von Kunden, die mehr als $500 oder $1000 pro Jahr ausgeben?

Die meisten Consultants besitzen einige Ankerkunden und viele kleinere Kunden. Wenn Sie sich all der kleinen Kunden entledigen würden, hätten Sie eine Menge Stunden an Ihre Higher-End-Kunden zu verkaufen.

Seien Sie sich bewusst, was Sie über das wissen, was Sie verkaufen.

Sie sind nicht auf jeden Cent angewiesen, der Ihnen vor die Füße fällt.

Und nun, stellen Sie den Plan fertig!

Den Plan fertigzustellen ist recht einfach. Erzählen Sie jemandem davon. Beginnen Sie mit einem Ihrer Techniker. Oder Ihrem Ehepartner. Oder einem Lieblingskunden. Oder einem anderen Consultant.

Erklären Sie, was Sie vorhaben. Das klingt einfach. Aber glauben Sie mir, das ist es keinesfalls.

Warum wollen Sie diese Veränderungen vornehmen? Wo liegt der Vorteil für den Kunden? Warum bekommt man keinen kostenlosen Netzwerksupport beim Goldtarif? Warum müssen alle im Voraus bezahlen? Warum heben Sie die Preise an? Installieren Sie etwas auf jedem Computer? Versprechen Sie mir, dass ich nicht mehr als die monatliche Rate zahlen muss?

Ich hoffe, Sie verstehen was ich meine.

Bisher haben Sie sich ganz allein in Ihrem Kopf mit diesem Projekt beschäftigt. Mit einer anderen Person darüber zu reden, lässt es realer erscheinen und setzt Sie all den Fragen aus, die man Ihnen stellen wird. Die einzelnen Elemente fügen sich ineinander und Sie sind gezwungen, den großen Zusammenhang zu sehen.

Außerdem, wie Sie vielleicht wissen, ist der beste Weg zu überprüfen, ob Sie ein Thema beherrschen, es jemand anderem zu erklären. Wenn Sie jemandem, der nicht in Ihrem Kopf sitzt, eine Menge Fragen beantworten müssen, werden (erkennbare?) Widersprüche auftauchen, an denen Sie arbeiten müssen.

Wenn Sie es beherrschen, Ihr neues Managed Service-Angebot meisterhaft zu erklären, werden Sie in der Lage sein, in aller Schnelle einen Service-Rahmenvertrag zu formulieren.

Und das wird unser nächstes Thema sein.

Hausaufgaben:

Falls Sie sich noch kein Muster eines Service-Rahmenvertrages, oder auch zwei, besorgt haben, wird dieses Vorhaben weitaus schwieriger. Ich werde Sie nicht auffordern, mein Buch zu kaufen (*Service Agreements for SMB Consultants*). Aber besorgen Sie sich irgendetwas.

Wenn Sie mit meinem Buch Schritt gehalten haben und den Anweisungen gefolgt sind, kommen Sie gut voran. Weiter so! Hören Sie nicht auf! Wenn Sie jetzt einen Service-Rahmenvertrag von Grund auf neu schreiben müssen, wird das eine große Verzögerung verursachen.

Denken Sie daran: Am Ende des Monats werden Sie mindestens einen Service-Rahmenvertrag abschließen. Mit etwas Glück sogar fünf oder zehn! Aber nicht ohne Vertrag. Machen Sie jetzt also Ihre Hausaufgaben, damit Sie für den nächsten Schritt gewappnet sind.

Anmerkung: Die Reaktion auf die vorhergehenden Ausgaben dieses Buches war überwältigend. Viele Leute haben mir E-Mails geschickt. Sie haben die Herausforderung angenommen. Und Sie schließen Verträge ab. Ich bekomme jeden Monat zumindest eine E-Mail.

Vergessen Sie nicht, mir eine E-Mail zu schicken, wenn Sie Ihren ersten Vertrag abgeschlossen haben!

"E-Mail-Posteingang"

Antwort bezüglich: Verabschiedung

Luis fragt nach der Kommunikation während des Umformungsprozesses. Insbesondere möchte er wissen, wie man sich von einem Kunden verabschiedet.

Erstens: Der Umformungsprozess

Wir geben für unsere Kunden einen monatlichen Newsletter heraus, in den wir eine kurze Notiz gesetzt haben.

Wir haben sofort damit begonnen, für Hardware, Software etc. etwas in Rechnung zu stellen. Niemand hat darauf auch nur einen Blick verschwendet. Denn unsere Forderung ist einsehbar und so ist es nun einmal mit Hard- und Software.

Der Wechsel zur Vorauszahlung im Rahmen des Vertrages gestaltete sich etwas anders. Wir haben die Bedingungen in den Vertrag eingebaut. Beim Schreiben unserer neuen Preisliste (Bleiben Sie gelassen: Nach einem weiteren Kapitel kommen wir darauf zu sprechen) haben wir schlicht und einfach eine Fußnote eingesetzt, die besagt, dass alle Pauschalgebühren für monatlichen Service monatlich per Kreditkarte oder drei Monate im Voraus per Scheck gezahlt werden müssen.

Als wir dann das Kundengespräch geführt haben (Bleiben Sie ruhig: Auch dazu kommen wir noch) haben wir beiläufig erwähnt, dass wir zu einem Vorauszahlungsmodell wechseln würden. Wir haben tatsächlich die Erfahrung gemacht, dass lediglich ein Kunde – einer – eine Frage zu diesem Thema gestellt hat.

Ich weiß, das hört sich verdächtig nach einem Rekord an, aber ich mache keine Witze. Leute, die Sie für Geizhälse gehalten haben, unterzeichnen am Ende den Platinumvertrag und zahlen drei Monate im Voraus. Weil Sie sie darum gebeten haben. Die Leute kennen Sie, sie mögen Sie und sie wollen Ihren Service. Sie haben sich entschlossen, von nun an Ihr Geschäft professionell zu führen? Großartig. Die Kunden freuen sich für Sie!

Zweitens: Der Verabschiedungsprozess

Wie verabschiedet man sich von einem Kunden? Darauf werden wir noch zu sprechen kommen. Aber grundsätzlich setzen Sie ihm einen Termin, zu dem er den neuen Vertrag unterzeichnet haben muss.

Wenn die Kunden herumnörgeln und sagen, sie wollen den Vertrag nicht unterzeichnen, sagen Sie einfach möglichst beiläufig: >Kein Problem. Wir wissen, dass das nicht für jeden etwas ist. Wir arbeiten mit der lokalen IT-Berater-Gruppe zusammen und können Ihnen helfen, einen qualifizierten Techniker zu finden, der Ihnen den Break/Fix-Support liefert, den Sie wollen.<

Sobald die Kunden erkennen, dass Sie es ernst meinen, werden sie ernsthaft darüber nachdenken, ob sie Sie gehen lassen wollen.

Falls Sie keine Reaktion von den Kunden erhalten, schicken Sie ihnen den folgenden Brief:

Sehr geehrter Mr. Schmoe,

Wie Sie wissen, transformieren wir unseren Service für all unsere Kunden zu einem Provide-Managed-Service.

Wir haben während der letzten Jahre gern mit Ihnen zusammenge-arbeitet, doch da Sie sich entschlossen haben, keinen Rahmenvertrag für laufenden Managed Service mit KPEnterprises abzuschließen, sehen wir uns nicht in der Lage, Ihrem Unternehmen weiterhin unse-ren Service zur Verfügung zu stellen.

Bezüglich unserer gegenwärtigen Servicevereinbarung betrachten Sie bitte diesen Brief als Kündigungsschreiben, mit dem wir nach der Kündigungsfrist das Geschäftsverhältnis zwischen unseren Unter-nehmen beenden. Natürlich werden wir bestehende Probleme noch beheben, angefangen bei denen mit der höchsten Priorität.

Wir werden Ihnen ebenfalls dabei behilflich sein, zu einem anderen Service-Provider zu wechseln.

Gern helfen wir Ihnen dabei, einen anderen technischen Sup-port-Provider zu finden. Ich verfüge über enge Kontakte zu der lokalen IT-Professional-Gruppe in Sacramento, sodass ich Ihnen hel-fen kann, in kürzester Zeit Ersatz zu finden.

Es ist äußerst wichtig, dass Sie jemanden finden, der Ihre Technolo-gie beherrscht und sich auf Kleinunternehmer spezialisiert hat.

Viel Glück bei Ihren zukünftigen Unternehmungen. Falls Sie sich jemals entschließen, Ihr System fortlaufend betreuen zu lassen, zögern Sie bitte nicht, uns anzurufen.

Wir bedanken uns für die gute Geschäftsbeziehung und wünschen Ihnen viel Erfolg für die Zukunft

Mit freundlichen Grüßen,
Ihr super-talentierter Consultant

Wir hatten einen Kunden, den wir alle übereinstimmend als unwil-lig eingeschätzt hatten. Er schien nicht interessiert, sagte zweimal das Kundengespräch ab und hat sich niemals wieder gemeldet.

Wir schickten ihm diesen Brief. Am nächsten Tag rief er an und sagte: >Lassen Sie mich nicht im Stich. Ich werde den Vertrag unterzeichnen.<

Das sollten Sie sich merken:

1. Was bedeutet es, Ihren Kundengarten zu jäten?

2. Was ist ein gutes Zeichen dafür, dass Sie schon längst Ihre Tarife hätten erhöhen sollen?

3. Was wird Ihnen leichter fallen, wenn Sie es geschafft haben, Ihren neuen Managed Service-Plan meisterhaft zu erklären?

Damit sollten Sie sich zusätzlich beschäftigen

- Small Biz Thoughts Blog – http://blog.smallbizthoughts.com
- *Guide to a Successful Managed Services Practice* von Erick Simpson
- *Service Agreements for SMB Consultants* von Karl W. Palachuk

Einige Online-Digitaldrucker, die ich benutzt habe:
- Overnight Prints – www.overnightprints.com (mein derzeitiger Favorit)
- Smartpress.com – www.smartpress.com
- UPrinting – www.uprinting.com

16. Schreiben Sie einen Service-Rahmenvertrag; lassen Sie ihn überprüfen

Sie werden sich vielleicht wundern, aber ich werde mich mit Ihrem Service-Rahmenvertrag nicht lange aufhalten. Ich könnte endlos debattieren, warum Sie dies und jenes tun sollten, wie wichtig es ist und warum Sie nicht warten sollten. Aber zu Anfang des Buches habe ich Ihnen doch versprochen, stets auf den Punkt zu kommen.

Und da wären wir.

Der Punkt ist: **Tun Sie es einfach.** Zögern Sie nicht und fangen Sie erst gar nicht an, nach einer Entschuldigung zu suchen. Wenn Sie ein Managed Service Provider sein wollen, brauchen Sie einen Service-Rahmenvertrag. Täglich werden tausende von Geschäften auf diese Art abgewickelt. Es ist die einfachste Sache der Welt. Tun Sie es einfach.

Es macht Ihnen das Leben bedeutend einfacher, wenn Sie einen Vertrag nicht von Grund auf neu aufsetzen müssen. Es gibt überall genug davon. Ein Managed Service-Händler kann Ihnen ein Muster überlassen. (Eigentlich hatten wir Sie im Laufe des Buches instruiert, Erick Simpsons oder mein Buch zu kaufen, dort finden Sie genügend Muster.) Ich glaube, es gibt sogar eins auf der Microsoft-Website.

Aber die >Geheimzutat< finden Sie nicht in der Dokumentvorlage. Denn, falls es eine solche gibt, liegt Sie in Ihrem persönlichen Verständnis Ihres Geschäfts, Ihrer Kunden, Ihrer Tarife, Ihrer Geschäftspolitik und des Zusammenspiels all dessen verborgen. Niemand anderes als Sie selbst kann Ihren Service-Rahmenvertrag entwerfen.

Eine Anmerkung zu Rechtsanwälten:

Ja, Sie brauchen einen Rechtsanwalt.

Falls die Rechtsanwältin sagt, Sie will Ihren Entwurf nicht als Grundlage benutzen, sondern von Grund auf neu beginnen, suchen Sie sich einen neuen Anwalt. 99,9% aller Anwälte beziehen einen Service, der Sie mit Musterverträgen versorgt. Ihren Entwurf als Grundlage zu benutzen, unterscheidet sich nicht dramatisch davon.

Wenn ein Servicerahmenvertrag ausgearbeitet wird, wird ein guter Anwalt einen Vordruck nehmen und Sie dann befragen, um herauszufinden, was für Ihr Geschäft wichtig ist und wie dies in den Vertrag eingearbeitet werden soll.

Wenn Sie von einem Entwurf/einer Vorlage ausgehen, die bereits auf die IT-Industrie und das Managed Service-Geschäftsmodell zugeschnitten ist, wird das Endergebnis weitaus besser und zutreffender ausfallen als irgendeine zufällige Vorlage, die der Anwalt in einem Dokumentendownload gefunden hat.

Wenn Sie von Ihrem speziell auf IT ausgerichteten Entwurf ausgehen, spart Ihnen das eine Menge Geld. Ein Anwalt lädt vielleicht Muster aus seinem Dokumentendownloadservice herunter, die auf Klimaanlagenverträgen, Rasenmäherdiensten oder anderen basieren.

Gehen Sie von einem themabezogenen Entwurf aus und lassen Sie ihn von dem Anwalt anpassen.

Prüfen und Prüfen und Prüfen

Erinnern Sie sich, als ich Ihnen ans Herz legte, Sie sollen stets Papier und Stift bereithalten? Na gut, mittlerweile sollte der Notizblock sich mit Notizen über Preisgestaltung, Pläne, Kunden und alles andere gefüllt haben.

Berücksichtigen Sie all diese Notizen so gut Sie können. Aber klammern Sie sich nicht daran fest, weil Sie glauben, der Vertragsentwurf müsse perfekt sein. Er wird niemals perfekt sein. Stellen Sie ihn fertig, bringen Sie ihn zu einem Rechtsanwalt und lassen Sie ihn für den praktischen Gebrauch überprüfen. Dann drucken Sie ihn aus und bereiten sich auf die Kundeninterviews vor (nächste Lektion).

Geld

Ja. Anwälte kosten Geld. Hunderte von Dollar pro Stunde.

Wissen Sie was? Technische Berater kosten auch Geld. Hunderte von Dollar pro Stunde

Sie werden an dieser Stelle wohl oder übel etwas Geld ausgeben müssen. Aber sehen Sie es doch mal so: Mit EINEM Kunden haben

Sie das Geld für Ihre Anwältin wieder erwirtschaftet. Und wenn Sie herausfindet, dass Sie sich in dem Vertrag widersprechen oder versuchen, etwas zu erzwingen, das in Ihrem Land nicht erlaubt ist? Ja, dann haben Sie das Geld gut angelegt.

[Tragen Sie hier jede Art von Rechtfertigung ein, die Sie brauchen.]

Die größte Frage, die Ihnen gestellt werden wird

Sie müssen sich über eines absolut klar werden: **Was ist gedeckt?** Wie ziehen Sie die Grenzlinie, sodass Ihre Angestellten dies verstehen – selbst, wenn Sie brandneu im Geschäft sind? Wie ziehen Sie die Grenzlinie, sodass auch die Kunden es verstehen und nicht darauf herumreiten?

Und wie machen Sie sich Ihrer Anwältin verständlich, sodass diese dafür sorgen kann, dass der Rahmenvertrag genau das festlegt, was Sie von ihm erwarten? Sie können natürlich mit allem aufwarten, was Ihnen gefällt, gewiss. Aber ich habe zwei gute Ratschläge für Sie: Einer sagt Ihnen, *was Sie nicht tun sollten* und einer, *was Sie tun sollten*.

Bitte versprechen Sie **keinen** >all you can eat< -Support. Meiner Meinung nach ist im extremsten Fall das, was ein Kunde >essen< kann, die Profitabilität Ihres Unternehmens. Er kann tatsächlich Ihren Profit verschlingen.

Wir haben diesen Slogan niemals benutzt und diese AYCE-Politik niemals ausprobiert, aber ich hatte einige Coaching-Klienten, die dies angeboten hatten. Eines der ersten Anliegen, das sie an mich herantrugen, bestand in der Bitte, herauszufinden, wie Sie aus dieser Geschäftspolitik aussteigen könnten, um vernünftigere Vereinbarungen abzuschließen.

AYCE hört sich erst mal großartig an. Und manchmal versucht sogar jemand, dieses Versprechen zu realisieren. Aber Sie müssen *ein paar* Grenzen setzen. Selbst All-you-can-eat-Buffets setzen gelegentlich ihre Kunden vor die Tür! Es gibt immer Menschen, die andere übervorteilen. Vielleicht nicht mit böser Absicht, doch sie können Ihr Geschäft zerstören.

Und hier, was Sie tun sollten:

Wir definieren Managed Service als Wartung des Operationssystems und der Software. Die Wartung umfasst keine Adds, Moves oder Änderungen (>Add-Move-Change<).

Behalten Sie das im Hinterkopf. Auch Ihre Angestellten sollten stets daran denken. Erwähnen Sie das so oft, dass selbst Ihre Kunden sich daran erinnern. Und jetzt sage ich Ihnen, wie Sie es erklären können.

Erstens: Wenn etwas installiert ist und arbeitet, ist es gedeckt. Falls daran etwas nicht richtig läuft, beheben Sie den Fehler, ohne etwas zusätzlich zu berechnen, solange dies zu normalen Geschäftszeiten geschieht. Falls es noch einmal versagt, reparieren Sie es erneut.

Offensichtlich verdienen Sie mehr Geld, wenn die Software stets ihren Dienst tut und niemals versagt. Sorgen Sie dafür, dass Ihr Kunde sich dessen bewusst ist.

Zweitens: Falls etwas zu installieren ist, wird das in Rechnung gestellt. Warum? Weil es keine Wartungsarbeit ist, sondern ein Add oder ein Change.

Drittens: Sobald diese Installation vollständig und erfolgreich abgeschlossen ist, ist sie gedeckt. Wenn also etwas schiefgeht, werden Sie es kostenlos reparieren.

Dann geben Sie ein Beispiel. Nehmen wir an, Sie wollen, dass ich Quickbooks auf einem Computer installiere. Die Installation ist in Rechnung zu stellen, weil es sich um neu hinzugefügte Software handelt. Sobald die Installation erfolgreich durchgeführt wurde und sich Quickbooks öffnet, ist es gedeckt. Ab diesem Zeitpunkt sind jegliche Wartung und jeglicher Support für Quickbooks auf diesem Computer gedeckt.

Ist das nicht einfach? Das ist eine einfache Erklärung und ein Beispiel, das jeder versteht. Sie müssen das lediglich durchsetzen!

Das sollten Sie sich merken:

1. Müssen Sie einen Service-Rahmenvertrag haben, wenn Sie ein Managed Service Provider sind?

   Ja   Nein

2. Wir definieren Managed Service als Wartung der

   _____

3. Wartung umfasst nicht:

   a. _____

   b. _____

   c. _____

Damit sollten Sie sich zusätzlich beschäftigen:

- *Guide to a Successful Managed Services Practice*
  von Erick Simpson
- *Service Agreements for SMB Consultants*
  von Karl W. Palachuk
- Lawyers.com – Contract Lawyers –
  http://contracts.lawyers.com
- FindLaw – online attorney search –
  http://lawyers.findlaw.com

17.   Drucken Sie Ihre neue Preistabelle aus

Wir haben bereits ausführlich über Ihre Preistabelle gesprochen. Sie haben Ihre jetzt berühmte dreistufige Preisstrukturierung entwickelt.

Sobald Sie definitiv festgelegt haben, wie Ihre Tarife und die dreistufige Preisstruktur aussehen sollen, sind Sie soweit, die Tabelle auszudrucken, Ihren Angestellten auszuhändigen und sich darauf vorzubereiten, sie Ihren Kunden zu zeigen.

Juristische Anmerkung: Stellen Sie sicher, dass Sie Ihren Vertrag innerhalb einer dreißigtägigen Frist bezüglich Preisen und was diese abdecken ändern können. Fügen Sie das dreistufige Preis-Handout als letzte Seite an Ihren Vertrag.

Gestalten Sie es nett und professionell. Falls Sie nicht gut mit Word-Tabellen umgehen können, finden Sie jemanden, der es kann.

Hier noch ein paar Anmerkungen zur Preisgestaltung:

Erstens: Legen Sie den Tarif für Arbeiten außerhalb eines Vertrags fest (z.B. $150/Stunde Standard; $300/Std. nach 17.00 Uhr oder an Wochenenden). Das lässt Ihren Arbeitstarif nach Vertrag besser aussehen (z.B. $135/Std.; $270/Std.).

Zweitens: Haben Sie so wenig Tarife wie möglich. Zum Beispiel verlangen Sie keine unterschiedlichen Preise für Support nach Feierabend, an Wochenenden, in Notfällen und an Feiertagen. Legen Sie einen regulären Stundenlohn fest und alles andere fällt unter einen einzigen Sondertarif. Zum Beispiel $135 und $270.

Ihr kleines einseitiges Handout wird viele Variablen aufweisen. Gestalten Sie die Preise nicht zu kompliziert.

Drittens: Sorgen Sie dafür, dass der billigste Tarif des Managed Service (der verlockendste) nicht viel Fleisch am Knochen hat. Zum Beispiel: Für $500 monitoren und patchen Sie den Server, aber nicht auch noch alles, was nicht niet- und nagelfest ist.

Anmerkung zur Kundenmentalität: Im Allgemeinen sehen die Kunden Desktops nicht als >Problem<-zone. Sie wollen, dass Server gedeckt sind, weil Sie ihnen erzählt haben, wie wichtig Server sind. Und natürlich wollen sie all den Hassel mit Spams und ISPs und Netzwerkmüll loswerden. Bieten Sie auf keinen Fall eine Option an, die nur die Wartung von Servern und Netzwerk umfasst. Das kann sich leicht zu einem Albtraum ausweiten und wird die Kunden nur ermutigen, die Desktops selbst zu managen.

Ich rate Ihnen, auf unterstem Preisniveau einen Basis-Server-Support anzubieten, Support von Servern und Desktops auf mittlerem

Niveau und alle Server, Desktops, Drucker, Switches etc. auf höchstem Niveau.

Es ist ähnlich wie beim Kabelfernsehen. Basis-Kabel kostet $12,95 und niemand kauft es. Sie wollen HBO, können aber Basis+HBO nicht bekommen. Sie müssen zuerst Standard-Kabel für $49,95 kaufen und dann können Sie HBO zusätzlich erwerben. Wenn ein Kunde das Netzwerk und seine Drucker vertraglich gedeckt haben will, kann er das nicht als Add-on zum Server-Support bekommen. Natürlich kann er diese Leistung von Ihnen erwerben, aber nur zu Stundenlohnpreisen, denn sie ist nicht abgedeckt.

In unserem Fall kostet >nur Server< $500/Monat. Wenn ein Kunde auf >Server und Desktops< aufstockt, kosten die Desktops jeweils $45. Wenn er also 10 Desktops benutzt, kommt er von $500 monatlich auf $950 monatlich. Von hier zu Platinum sind es dann nur noch weitere $200/Monat ($65/Desktop). Platinum für einen Server und 10 Desktops kostet $1150/Monat. Das wären $13.800/Jahr.

Nicht schlecht. Und je automatisierter Sie sind, desto profitabler arbeiten Sie. Wenn Sie sich innerhalb dieser Preis-Strukturen aufhalten, werden Sie vielleicht niemals einen Goldvertrag verkaufen, sondern lediglich Silber und Platinum!

Warum ist eine Cafeteria-Preisgestaltung schlecht für uns?

Cafeteria-Preisgestaltung bedeutet, der Kunde kann sich heraussuchen, was ihm gefällt. Er kann also den einen Server abdecken, den anderen aber nicht. Ebenso verfährt er mit den Workstations.

Wir sind auf diese Art ins Geschäft eingestiegen. Wir haben stets Verträge abgeschlossen, aber nur langsam unseren Weg zu Flatrate-Produkten gefunden. Remote-Monitoring etc. Das Problem ist: überwältigend. Denn der Kunde will den einen Server abdecken, den anderen aber nicht. Wenn man ihm die Wahl lässt, will er die Workstations nicht abdecken. Doch die Idee, niemals wieder etwas mit dem ISP zu tun haben zu müssen, gefällt ihm. Der Kunde pickt sich wirklich die Zuckerstückchen heraus. Alles im

Mittelfeld, wo sich all die Nutzer tummeln, will er nicht vertraglich abdecken.

Wenn Sie nur einen einzigen Server abdecken, müssen Sie einen rücksichtslosen Stundenlohn fordern. Sie werden sich ständig in Diskussionen verwickelt sehen, ob etwas vertraglich gedeckt ist oder nicht. Und das ist keineswegs förderlich für die Beziehung zum Kunden.

Selbst der Silbertarif sollte alle Server decken. Gold und Platinum sollten alle Workstations decken.

Kunden, denen die Wahl überlassen bleibt, werden sich stets die Geräte heraussuchen, die den größten Ärger verursachen (sie sind schließlich nicht dumm). Und Sie blockieren Ihre Arbeitszeit, indem Sie einer Handvoll wartungsintensiver Geräte einen Flatrate-Support liefern müssen.

Das System funktioniert, weil es auf den durchschnittlichen Kosten basiert, die die Wartung einer Handvoll Geräte verursacht.

Wenn Sie es aber dem Kunden überlassen, welche Geräte vertraglich abgedeckt werden, könnten Sie die monatliche Rate verdoppeln und trotz alledem kein Geld an diesen Geräten verdienen.

Ich vertrete hier ganz offen meine Meinung. Erinnern Sie sich, ich habe gesagt, ich werde hier nicht versuchen, objektiv zu sein. Vertrauen Sie mir und benutzen Sie nicht die Cafeteria-Preisgestaltung!

Nächste Schritte

Mit etwas Glück finden Sie einen Anwalt, der Ihnen schnell antwortet und Ihnen nicht gleich eine Rechnung schickt, weil er auf Ihre E-Mail geantwortet hat.

Als nächstes werden wir eine Strategie für die Gespräche mit Ihren Kunden besprechen. Nachdem Sie also den Service-Rahmenvertrag dem Anwalt vorgelegt haben und nachdem Sie ihre neue Preistabelle ausgedruckt haben, tragen Sie die Informationen zusammen, die Sie beim nächsten Schritt benötigen.

Dies umfasst den Bericht über die Ausgaben der Kunden, den Sie bereits erstellt haben, und die Tabelle, die sich auf Ihre Spekulationen gründet, welchen Vertrag der jeweilige Kunde unterzeichnen wird. Diese Einschätzung werden wir noch einmal durchgehen.

Sie sind SO nahe an Ihrem ersten Managed Service-Vertrag.

Aber zuerst brauchen Sie eine Strategie. Sie können natürlich nicht einfach daherkommen, mit einem dieser überdimensionierten Kugelschreibern, und mir nichts dir nichts einen fetten Vertrag unterzeichnen.

Im nächsten Schritt werden wir uns also Verkaufsstrategien für die Kundengespräche erarbeiten.

Ich kann es kaum noch erwarten!

Das sollten Sie sich merken:

1. Warum ähnelt die Preisfindung beim Managed Service der vom Kabelfernsehen?

    _____

    _____

2. Wie lauten die Argumente gegen das Angebot einer >Cafeteria<-Preisgestaltung?

    _____

    _____

3. Sollten Sie den Kunden gestatten, sich die Geräte auszusuchen, die vertraglich gedeckt sein sollen?

    _____!

Damit sollten Sie sich zusätzlich beschäftigen

*   Hier finden Sie Leute, die sich in den Word-Formaten gut auskennen (um die Liste auszudrucken):
*   www.Upwork.com (ehemals Elance.com)
*   viele Studenten suchen Praktikumsstellen

- International Virtual Assistants Association. Siehe den "Looking for A Virtual Assistant" Link. – www.ivaa.org

18. Wie Sie Einwände überwinden

"E-Mail - Posteingang"

VinceT schreibt…

>Können Sie etwas mehr zum Wert des Desktop-Monitoring sagen? Ich hatte Schwierigkeiten, den Kunden zu verkaufen, dass ich sie von stundenweise bezahltem Desktop-Support auf unbegrenzten Remote-Support inklusive Monitoring umstellen wollte. Ich erklärte ihnen, dass sie für ein bisschen mehr Geld pro Monat pro PC Desktop-Patching, AV-Monitoring und System-Monitoring erhalten würden. Ihre Antwort lautete: ´Wir bekommen doch im Moment alles, was wir brauchen. Warum sollten wir also mehr bezahlen? Es geht nur um ein paar zusätzliche Dollar pro Monat. Ich habe das Gefühl, dass ich den Wert dessen, was ich verkaufe nicht kommunizieren kann! Danke.<

Lassen Sie uns das einmal getrennt betrachten:

Ich sehe folgende Einzelpunkte:
- Der Wert von Desktop-Monitoring (plus Patch-Management und Remote-Support)
- Schwierig zu verkaufen: Wechsel von Break/Fix zu unbegrenztem Managed Service für den Desktop
- Die tödliche Einstellung - >Wir bekommen doch im Moment alles, was wir brauchen.<

Was den Wert anbelangt, müssen Sie bei Ihren eigenen Kalkulationen beginnen. Sie müssen sich selbst davon überzeugen, dass Sie den Wert richtig festgelegt haben.

Berücksichtigen Sie, was Sie für die Desktop-Komponente berechnen. Legen wir den Stundenlohn für Ihren Consulting-Service zugrunde. Entspricht Ihr monatlicher Desktop-Support einer Arbeitsstunde? Einer halben Arbeitsstunde? Einer Viertelstunde?

Denken Sie in Zeitbegriffen. Denken Sie in Stunden. Wie viele Stunden benötigen Sie für den Support eines Desktops in einem Jahr? In einem Monat?

Gehen wir davon aus, dass Sie ungefähr eine ½ Stunde pro Monat dafür aufwenden müssen, einen Desktop >manuell< zu managen. Das sind sechs Stunden pro Jahr. Wenn Sie $100 pro Stunde berechnen, sind das $600. Berechnen Sie $120, ergibt das $720 pro Jahr. Für diese Summe bekommen Sie alle Fixes für Outlook, Word, Windows, Adobe Acrobat. Außerdem alle Virus-Updates, Virus-Scanner-Reinstallationen, *verschiedenste* Updates, Patches, Fixes und was immer Sie wollen.

Wenn Sie uns lediglich mit >Break/Fix< beauftragen, bekommen Sie kein automatisiertes Patch-Management. Wir müssen zu Ihnen gehen und es vor Ort machen. Keine automatisierten Fixes. Auch dafür müssen wir extra zu Ihnen kommen. Dasselbe gilt für Servicepacks. Und es gibt auch keinen Remote-Support. Dafür müssen wir auch vor Ort erscheinen.

Wir berechnen eine Pauschale [$720 pro Jahr/$60 pro Monat] um alles abzudecken, alles zu patchen, zu monitoren und um jeglichen Remote-Support zu erhalten. Sie bekommen eine Menge mehr, in regelmäßigeren Abständen, ohne einen Aufpreis. Und als Zuckerstückchen bekommen Sie noch unbegrenzten Remote-Support!

Wenn auch nur ein >Störfall< auf einem Desktop eintritt, erkennt der Kunde den Wert.

Sobald Sie sich für diese Perspektive begeistern und selbst daran glauben, können Sie Ihr Paket auch verkaufen.

Entfernen Sie sich von Break/Fix

Es kann äußerst schwierig sein, einen Kunden dazu zu bewegen, von Break/Fix zu Managed Service zu wechseln. Um ehrlich zu sein, die meisten sehr kleinen Unternehmen haben damit ein großes Problem. Sie sind irgendwie davon überzeugt, dass sie Geld sparen, indem sie Ausgaben vor sich herschieben. Und ich muss ehrlich zugeben, dass ROI (return on investment) –Argumente bei den meisten Kleinunternehmern auf taube Ohren stoßen. Klein- und Mittelständische Unternehmer neigen dazu zu glauben, dass die Diskussionen um ROI nur Blendwerk sind, um ihnen das Geld aus der Tasche zu ziehen.

Tatsächlich bedarf es eines **ausgebildeten Einkäufers**, der auf die Gesamtbetriebskosten (TCO – total cost of ownership) für einen Zeitraum von drei Jahren achtet.

Ich kann Ihnen lediglich raten, in solchen Fällen einen *Marathon* statt einen *Sprint* zu planen. Erzählen Sie solchen Kunden bei jeder Gelegenheit, dass ¾ der Kosten für den Unterhalt eines Computers in die Wartung gesteckt werden. Erzählen Sie ihnen bei jeder Gelegenheit, dass >dies gedeckt wäre, wenn Sie einen Platinum-Managed-Service-Vertrag hätten<. Trichtern Sie ihnen das immer und immer wieder ein. Wie eine gesprungene Schallplatte.

Und seien Sie geduldig.

Eines Tages wird ein Disaster eintreten. Dann sagen Sie: >Sie tun mir leid. Wenn Sie jetzt einen Managed Service-Vertrag hätten... <☺

Wiederholen Sie das einfach immer wieder wie ein Mantra. Mit der Zeit werden sie es verstehen.

Mein Lieblingskunde ist ein Mann namens Hank. Hank hatte niemals an diese ganze >Managed Service<-Argumentation geglaubt. Er war unsicher, was die Lizenzen anbelangte. Er war nicht bereit, einfach seine ganzen Operationen an uns zu übergeben und sich zurückzulehnen. Nach Jahren – nach NEUN Jahren – gab er schließlich auf, unterzeichnete den Vertrag und übergab uns alles.

Wir sahen das Zusammenbrechen seiner Festplatte voraus, schoben ihn auf einen neuen Server und retteten sein Geschäft. Er war 99,99999999999999% ausverkauft.

Acht Monate später wurden sein Server und alle seine anderen Computer gestohlen. In kurzer Zeit bauten wir alles wieder auf und sparten ihm TAUSENDE an Software ein, weil er Lizenzen gekauft hatte! Ja! Nun ist er 100% ausverkauft.

Mantra. Mantra. Mantra.

Managed Service. Managed Service. Managed Service.

Break/Fix ist auf lange Sicht für den Kunden immer teurer – und weniger profitabel für Sie.

Die tödliche Einstellung

Zuerst einmal die Wahrheit, die Sie zwar kennen, der Kunde jedoch nicht. Genauso dringend, wie er jemanden braucht, der seinen Server und sein Netzwerk managt, braucht er jemanden, der seine Desktops managt.

Der Kunde ist davon überzeugt, seine technologischen Bedürfnisse zu kennen, was jedoch nicht der Fall ist. Und, glauben Sie mir, es ist keine gute Verkaufsstrategie, dem Kunden zu erzählen, dass er etwas nicht versteht. Daher müssen Sie die großartige neue Welt des Managed Service ins rechte Licht rücken.

Und wenn Sie mit dem tödlichen Einwand konfrontiert werden ->Wir bekommen im Moment alles, was wir brauchen< - denken Sie daran: Was der Kunde glaubt ist seine Wahrheit. Sie können nicht einfach behaupten: >Das stimmt nicht.<

Falls es einen Schlüssel zum Erfolg gibt, ist es dieser: Führen Sie als Verkaufsargument keine Produkte oder Dienste an, die denen GLEICHEN, die der Kunde bereits hat

Zu sagen, dass Sie dasselbe anbieten wie Ihr Konkurrent, nur besser, ist das schlechteste Verkaufsargument der Welt. >Unser Gesichtsreinigungstuch ist wie das von Kleenex, nur besser, daher müssen Sie mehr dafür bezahlen.<

Nein, das endet am Schluss so: >Unser Gesichtsreinigungstuch ist so gut wie das von Kleenex, kostet aber weniger. Schlussfolgerung: Wenn Sie sagen, Sie verkaufen das gleiche Produkt, nur besser, dann kreieren Sie ein Massenwarenimage und sind gezwungen, weniger zu berechnen.

Hier das wichtigste Wort im Verkauf: **Abgrenzung**

Der einzige Weg, dem tödlichen Einwand etwas entgegenzustellen, liegt darin, sich vom Konkurrenten abzugrenzen. Warum? Weil Sie dem Kunden nicht erzählen können, dass er Unrecht hat oder nicht das bekommt, was er braucht. Sie müssen etwas präsentieren können, das sich genügend von dem unterscheidet, was der Kunde im Moment hat, sodass er selbst zu dieser Einsicht gelangt.

Reden Sie nicht darüber, was Sie tun, oder was Sie besser machen als andere.

Für den ungeschulten Beobachter (Joe Client) sehen wir alle gleich aus. Wir machen alle das Gleiche. Ein Consultant gleicht dem anderen und macht das Gleiche. Wenn der Kunde also etwas bekommt, bekommt er das, was er braucht. Auch wenn er etwas von Ihnen bekommt.

Falls Sie Ihre eigene Konkurrenz sind, müssen Sie sich von Ihrem Konkurrenzangebot abgrenzen. Wenn Sie Ihr eigener Konkurrent sind, müssen Sie Ihren Managed Service vom Break/Fix-Geschäft abgrenzen.

Und der Schlüssel zur Abgrenzung ist so offensichtlich wie schwierig: Erwähnen Sie nichts, was sich *gleicht*. Konzentrieren Sie sich zu 100% darauf, was sich vom Konkurrenzangebot *unterscheidet*.

- >Beim Managed Service werden alle Sicherheitsupdates automatisch vorgenommen.<
- >Beim Managed Service erhalten Sie einen monatlichen Bericht, der Ihnen im Detail zeigt, ...<
- >Beim Managed Service sind alle Leistungen inklusive, die nötig sind, um das Operationssystem und die Software auf dem Desktop zu warten.<
- >Beim Managed Service bekommen Sie einen gehosteten Spamfilter ohne zusätzliche Kosten.<

- >Beim Managed Service können Ihre Leute so viele Service-Tickets öffnen, wie sie wollen, ohne zusätzliche Kosten.<
- >Beim Managed Service sind die ersten drei Arbeitsstunden für das Setup eines neuen Computers kostenlos.<
- >Managed Service bietet Ihnen kostenlose Beratungstreffen, damit Sie Ihr technologisches Wachstum planen können.<
- >Beim Managed Service kommen wir zu Ihnen nach Hause, shampoonieren Ihre Autositze, bürsten die Katze und schütteln Ihre Kissen aus.<
- etc.

Fertigen Sie eine Liste an.

Listen Sie jede Kleinigkeit auf, die in Ihrem Managed-Service-Angebot eingeschlossen ist. Also gut, vielleicht nicht alles. Bei jedem Punkt, den Sie dem Kunden aufzählen, wollen Sie von ihm hören: Okay, diese Leistung habe ich bis jetzt nicht bekommen.<

Flechten Sie ein paar Geschichten ein.

Hier ist eine, die wir gern erzählen: Damals, 2007, als der Kongress beschloss, die Uhren auf Sommerzeit umzustellen, gab Microsoft die Warnung heraus, die Welt werde zum Stillstand kommen. Wir müssten an jedem Gerät ein Fix applizieren, oder die Uhren würden sich ausschalten und Kerberos Security würde keinen Zugang mehr erlauben.

Wir gingen zu einem neuen Kunden und sagten: >Hey, wenn Sie Managed Service beziehen, kümmern wir uns um diese ganze Angelegenheit, ohne zusätzliche Kosten zu berechnen. Als er zögerte, schlugen wir ihm vor: >Okay, für $200 können wir Ihnen auf 70 Computern diese Sache einstellen.<

Er stimmte zu. Wir übertrugen den kompletten Fix in unser RMM-Tool und nach fünfzehn Minuten war der Job erledigt. Der Kunde aber sah die Leistungsfähigkeit unserer Managed Service-Tools.

Er unterzeichnete einen Vertrag.

Wenn Sie schließlich an den Punkt gelangen, an dem Sie logisch über dieses Thema reden können, werden Sie die Möglichkeit haben, zu sagen, dass es Sie eine halbe Stunde pro Monat kostet – im Durchschnitt – die Desktops zu warten. Und Ihr Managed Service-Angebot wird bei ungefähr $65 pro Monat liegen.

Die einzigen wirklichen Unterschiede sind also:

1. Sie erhalten Ihr Geld in regelmäßigen, vorhersehbaren Summen. [Der Kunde kann mit regelmäßigen vorhersehbaren Kosten kalkulieren.]

und

2. Der Kunde bekommt vom ersten Tag an einen höherwertigen Service für all seine Geräte.

Zusammenfassung: Der tödliche Einwand

Der tödliche Einwand lautet: >Wir bekommen doch im Moment bereits alles, was wir brauchen.<

Die einzige, ebenso tödliche Reaktion darauf: Konzentrieren Sie sich 100% auf die Vergünstigungen, in deren Genuss der Kunde bei reaktiven Break/Fix-Aufträgen nicht kommt.

Sie werden den Kunden niemals davon überzeugen können, dass er im Moment nicht das bekommt, was er braucht. Er muss aus sich heraus auf diese Schlussfolgerung kommen.

Aber Sie können ihm die Werkzeuge dazu an die Hand liefern :-)

Das sollten Sie sich merken:

3. Drei Viertel der anfallenden Kosten für den Besitz eines Computers bestehen in

_____

_____

---

4. Wie lautet der tödliche Einwand?

   _____

   _____

5. Lohnt es sich zu versuchen, den Kunden zu überzeugen,
   dass er mit Break/Fix nicht das bekommt, was er braucht?

   _____

   _____

Damit sollten Sie sich zusätzlich beschäftigen:
- *A Guide to SELLING Managed Services*
  von Matt Makowicz
- *A Guide to MARKETING Managed Services*
  von Matt Makowicz

19. Desktops und Managed Service

Wir haben gerade über die Einwände gesprochen, die Kunden äußern, wenn sie keinen Vertrag für einen Desktop-Support abschließen wollen. Und über *den* tödlichen Einwand. Jetzt beschäftigen wir uns damit, warum sich Desktops vom Rest der Umgebung unterscheiden.

Als wir es noch mit der >Cafeteria-Preistabelle< für Flat Fee-Services versucht haben, war eines ganz klar: Die Kunden wollen, dass ihr Server betreut wird.

Die große Bedeutung der Server-Wartung ist jedem offensichtlich. Es handelt sich um einen Server, daher können die Kunden die Wartung nicht selbst vornehmen. Man muss Active Directory beherrschen (was natürlich niemand versteht) und außerdem handelt es sich um das Gehirn des bekannten Universums. Daher ist es den Kunden $350 pro Monat wert oder was auch immer Sie verlangen.

Auch das Netzwerk ist wichtig. Es umfasst Router und Switches und Printer (Oh Mann!). Das bedeutet, man muss mit ISPs und VPNs und VOIPs umgehen. Außerdem gibt es da 802.11´s und RJ45´s. ISO hat sieben Schichten, wie ein Kuchen.

Mit anderen Worten, niemand versteht ein Netzwerk, daher müssen Sie ein Genie sein, um es zu betreuen. Das ist $350/Monat wert.

Aber niemand möchte seinen Desktop betreuen lassen.

Nur wenige Kunden sind davon überzeugt, dass es sich lohnt, für eine Desktopwartung eine Pauschale zu bezahlen. Dafür gibt es zweierlei Gründe.

A. Die Kunden glauben tatsächlich, sie kennen sich mit ihrem Desktop aus.

Immerhin leben sie täglich mit ihm zusammen. Wenn Sie gerade nicht zur Stelle sind, setzen sie sich allein mit ihm auseinander und sorgen dafür, dass er läuft. Mitten in der Nacht führen sie Gespräche mit Tech-Support-Leuten (Apple, Dell, Sprint, Adobe, Microsoft). Sie >lernen etwas< von jemand anderem als Ihnen.

Sie sehen, dass selbst pickelgesichtige Teenager und Leute, die kaum Englisch sprechen können, herausfinden, wie man den Computer einrichtet. Obwohl sie es vielleicht >falsch< machen, funktioniert es.

Kurz gesagt, jeder, der eine Maus in Händen hält, kann herausfinden, wie man den Desktop wartet. Also werden Sie nicht gebraucht.

Doch der Unternehmer denkt nicht daran, dass keiner von seinen 47 Angestellten daran interessiert ist, sich mit diesem Zeug auseinanderzusetzen. Schließlich wurden sie eingestellt, um Daten einzugeben, Perspektiven zu entwickeln, Verkäufe zu tätigen, mit Words zu arbeiten, Dateien auszudrucken, Rechtschreibprüfungen durchzuführen etc.

Diese Leute denken, die >Festplatte< ist 50 cm groß und sitzt unter ihrem Schreibtisch. Wenn der Strom ausfällt, rufen sie Sie an und fragen, warum die Computer nicht arbeiten.

All diese Leute erledigen ihren Job hervorragend, doch Computer interessieren sie nicht die Bohne. Ihnen erscheint bereits der Computerguru als Genie, der bei den esoterischen Druckermodellen von HP die Tunerpatrone wechseln kann.

B. Die Kunden haben keine Ahnung, in welchem Ausmaß sie auf ihren Desktops Komplikationen hervorrufen.

Mein Lieblingnervensägenkunde war eine Anwaltskanzlei voller Primadonnen. Sechs Line-of-Business-Applikationen. Jede musste sich auf genau dem gleichen Patch-Niveau befinden, weil sie ansonsten nicht zusammenarbeiten konnten. Jedes Update musste simultan auf fünfzehn Geräten vorgenommen werden. Jeder Desktop musste nach dem Update im selben Zustand wie vor dem Update sein.

Es kostete tatsächlich fünf Stunden Arbeit, einen PC neu zu installieren.

Doch der Kerl, der die Schecks ausstellte, fragte: >Ich verstehe das nicht. Sie nehmen ihn aus dem Karton, Sie schließen ihn ans Netzwerk an. Und er arbeitet. Warum stellen Sie uns fünf Arbeitsstunden in Rechnung?<

Es tut mir leid, aber was Sie wollen, kostet mich fünf Stunden Arbeit. Punkt. Ende der Diskussion. Soll ich etwa für NICHTS arbeiten, nur weil Sie glauben, die Technologie zu verstehen? [Antwort: Nein]

Ich kann einen ziemlich guten Service-Rahmenvertrag aufsetzen. Der Rechtsanwalt will mir in Rechnung stellen, dass er einen Blick darauf wirft. Also bezahle ich. Warum? Weil ich keinen juristischen Abschluss habe. Ich kenne die Grenzen meiner Kenntnisse.

Ich weiß, was ich nicht weiß.

Fazit: Der Desktop ist die wichtigste Verbindung zwischen dem menschlichen Arbeiter und dem Netzwerk. Der Kunde erkennt zwar den Wert des Netzwerks, aber nicht den des Desktops.

Wir leben in einer Welt der verwirrenden Tatsachen.

Wie ich bereits sagte, dem Kunden zu erzählen, er habe keine Ahnung, ist keine gute Verkaufsstrategie.

An welchem Punkt stehen Sie jetzt? Lassen Sie uns rekapitulieren.

Sie haben einen Kunden, der glaubt zu bekommen, was er braucht, weil er *genügend* zufrieden ist.

Sie sahen sich dem tödlichen Einwand gegenüber (Wir bekommen, was wir wollen) und haben mit einer Liste von differenzierten Leistungen reagiert, um klar zu stellen, dass das Managen eines Desktops sich sehr von der Break/Fix-Arbeit an einem Desktop unterscheidet.

An diesem Punkt kann zweierlei geschehen:

1.   Der Kunde unterzeichnet einen Managed Service-Vertrag.

2.   Der Kunde beharrt auf seiner Meinung und behauptet weiterhin, dass er sich um die Desktops keine Sorgen macht.

Jetzt bleibt Ihnen nur noch ein Trick: Gestalten Sie die Preistabelle Ihres Managed Service-Angebots wie die für Kabel-TV. (Siehe die Ausführungen in einem vorherigen Kapitel).

Niemand kauft Basic Cable, aber einige kaufen Standard Cable.

Niemand kauft Advanced Cable um seiner selbst willen. Die Leute kaufen Advanced Cable nur, damit sie HBO, das NBA-Paket, das World-Cup-Paket etc. bekommen können.

Basic. Advanced. Paket

Silver. Gold. Platinum.

Die einzig wahre Lösung auf lange Sicht besteht darin, ein Paket zusammenzustellen, das dem Kunden sinnvoll erscheint. Mit der Zeit werden Sie die Kunden vor Desastern retten und dann werden die Vorteile von präventiver Wartung klar zu sehen sein. In der Zwischenzeit müssen Sie dafür sorgen, dass Sie etwas für den Kunden sichtbar Wertvolles verkaufen.

Am Tag nach einem Desktop-Disaster werden Sie dem Kunden eine Rechnung von mehreren Hundert Dollar überreichen. Und dann erzählen Sie ihm, dass die monatliche Wartung ihn lediglich $65 (zum Beispiel) kostet. Dann will der Kunde das Gerät mit Sicherheit vom Managed Service abdecken lassen.

Sie müssen aber auch selbst vollkommen überzeugt von dem Wert eines Desktop-Supports sein – leidenschaftlich überzeugt. Wenn Sie nur herumstammeln und sich entschuldigen, wird der Kunde darauf herumreiten.

Grenzen Sie das Produkt ab. Reden Sie nur über die einzigartigen Vorteile des Desktop-Managed Service.

Sie können sich glücklich schätzen: In den nächsten beiden Kapiteln werden Sie sehen, wie Sie eine erstaunlich eloquente Rechtfertigung für Ihre Dienste entwickeln und anbieten.

Wir werden einige Gespräche mit bereits vorhandenen Kunden planen und ausführen. Wir werden Sie in den Managed Service überführen.

Und danach werden wir über die Verkaufsterminologie und die Produktbeschreibungen verfügen, sodass wir damit an Fremde herantreten können (all die Leute, die noch keine Kunden von Ihnen sind). Auf diese Art können Sie *diese Leute* auch für Ihren Managed Service gewinnen.

Das sollten Sie sich merken:

3. Warum neigen Kunden dazu, zu glauben, Sie könnten ihren Desktop selbst managen?

    _____

    _____

4. Wie kann Ihnen ein Disaster helfen, Managed Service zu verkaufen?

    _____

    _____

5. Warum müssen Sie leidenschaftlich vom Desktop-Support überzeugt sein?

    _____

    _____

Einige gute Bücher

(Es gibt nicht gerade viele Bücher zu dem Thema, ob man Desktops mit einem Servicevertrag decken sollte, daher habe ich mich entschlossen, Ihnen andere Bücher zu nennen.]

- *The One Minute Manager*
  von Kenneth Blanchard und Spencer Johnson
- *Five Good Minutes: 100 Morning Practices To Help You Stay Calm & Focused All Day Long*
  von Brantley Jeffrey u.a.
- *The Power of Focus*
- von Jack Canfield, Leslie Hewitt, Mark Victor Hansen.
- *First Things First*
  von Stephen R. Covey, A. Roger Merrill, und Rebecca R. Merrill

VI. Wie Sie ein Cloud-Service-Angebot entwickeln

20. Das Cloud Service Five-Pack

Auf der Suche nach einem Cloud-Angebot

Damals, im Jahre 2008, bemerkte ich, dass wir für unsere Kleinunternehmer-Kunden ein Cloud-Angebot entwickeln mussten. Doch anstatt ein paar Dienste auf unsere bereits bestehenden Angebote >draufzusetzen<, entschloss ich mich, ein Angebot rigoros bis zur Basis zurückzuschneiden, um ein neues zu entwickeln, dass so viel wie möglich auf Cloud-Diensten basierte.

Wir näherten uns diesem Anspruch nur schrittweise, denn wir mussten unsere In-House-Server auf SBS, RMM und PSA umstellen. Wir benutzten einen Cloud-basierten Remote-Monitoring-Service und ein Cloud-only-Professional-Services-Administration-Tool. Das bedeutete, ich konnte mein komplettes Geschäft von einem Dumb-Terminal aus führen, solange dieses einen Webbrowser hatte.

Ich rechnete nicht damit, dass wir in absehbarer Zeit Kunden zu Terminals bewegen konnten. Da der Preis für Workstations und Laptops Jahr für Jahr fiel, war es unmöglich, ein Terminal-Device zu rechtfertigen, das beinahe so viel wie ein PC kostete – und nichts eigenständig tun konnte.

Ein anderer Faktor, der dafür sprach, dieses Angebot zu entwickeln, war die Tatsache, dass wir super-kleine Kunden aufgegeben hatten. Im Jahr 2000 hatten wir begonnen, nur noch Kunden mit einem Minimum von fünf Usern zu betreuen und später sogar nur noch Kunden mit mindestens zehn Usern. Daraus folgte natürlich, dass wir keine Kunden hatten, die für weniger als zehn Plätze zahlten. Zwar hatten einige Kunden weniger als zehn User, bezahlten jedoch unser 10-User-Minimum-Angebot, um in den Genuss unseres Service zu kommen. Wir brauchten also ein Angebot für Kunden mit 1-9 Usern.

Wie dem auch sei, ich begann, eine Liste der **absolut unerläss-
lichen Technologien** anzulegen, die jedes Kleinunternehmen
braucht. Als Inhaber eines solchen Unternehmens oder als Neueinsteiger: Welche Technologien brauchen Sie? Verlassen Sie einmal
Ihren Techno-Goober-Standpunkt und betrachten Sie die Frage
aus einer vollkommen neuen (Kunden-) Perspektive.

Was **BRAUCHT** der Kunde? Mir ist Folgendes dazu eingefallen:

➤ E-Mail

➤ Kalender und Zusammenarbeit

➤ Telefon/Telefon-Dienste

➤ Speicher (und Backup)

➤ "Office"-Dokumente

➤ Anti-Virus

➤ Spamfilter

➤ Remote-Monitoring

➤ Patch-Management

➤ Eine Website

➤ "Mobile"-Devices, die mit den Bürodaten und -diensten in
Kontakt treten

➤ Eine Internetverbindung!

➤ Netzwerk-Equipment (z.B. Firewall, Router, Switch)

➤ Sie brauchen jemanden, der dafür sorgt, dass all dies
funktioniert und jederzeit verfügbar ist.

➤ Und *vielleicht* einen leichten Server onsite, um Logons zu
authentifizieren und einen kleinen lokalen Speicher zur
Verfügung zu haben.

… und was braucht er **nicht**?

➤ Sie brauchen wahrscheinlich keinen großen Server,
höchstens unter besonderen Umständen. Aber das ist kaum
anzunehmen.

> ➢ Sie brauchen keine eigenen Software-Lizenzen zu >besitzen<. In Wahrheit haben die Kunden diese Lizenzen niemals besessen, doch das kann man ihnen nicht begreiflich machen.

> ➢ Sie brauchen keine Festplatten, Power-Supplies und keinen Serverraum.

> ➢ Sie brauchen auch kein großes, an der Wand angebrachtes Telefonsystem.

Schauen Sie sich das Handout >What goes in the Box< in den Downloads an, die mit diesem Buch geliefert werden. (Siehe Seite vii für den Zugang zu den Downloads).

Anmerkung: Wir werden Line-of-Business-Applikationen besprechen, alte Softwareprogramme und all das, was Sie davon abhält, eine perfekte 100% In-der-Cloud-Lösung zu implementieren. Aber unser Kernangebot werden wir nicht darauf aufbauen.

Unsere Zielsetzung ist hier, ein Angebot zu entwickeln, das Sie 98% Ihrer Kunden verkaufen können. Außerdem können Sie herausfinden, wie man alte LOBs und kauzige Konfigurationen betreut. Aber verkaufen Sie dem Kunden bitte nicht wieder einen Server mit Exchange in-house und ohne Cloud-Backup, nur weil eine alte Applikation installiert ist.

Und jetzt lassen Sie uns überlegen, welche Punkte unserer Liste (ganz leicht) über gehostete Cloud-Service-Angebote geliefert werden können, die Ihnen wiederkehrende Umsätze, Zuverlässigkeit, Leistung und Profit garantieren. Wir beginnen mit dem, was am einfachsten an den Mann zu bringen ist.

Website

Ich hoffe, dass Sie bereits seit fünfzehn Jahren Websites auf gehostete Plattformen schieben. Falls nicht, ist jetzt der Zeitpunkt gekommen, damit zu beginnen. Ich liebe die Firmen, die >Hosting-Packages< verkaufen, sodass Sie deren Dashboard nutzen können, um hunderte Sites gleichzeitig zu managen. Ich habe viele Jahre lang DreamHost.com genutzt und habe es wirklich geliebt. Großartiger Service und ein netter, niedriger Preis.

Spamfilter

Falls Sie noch nicht zu einem gehosteten Spamfilter gewechselt haben, wissen Sie nicht, was Ihnen entgeht. Dies ist eins der handlichsten Tools, die je eingeführt wurden. Abgesehen davon, dass es eine Menge Bandbreite freistellt, macht es das Bewegen von E-Mail-Diensten sehr einfach.

Was die Auswahl des Dienstes anbelangt: Ich bevorzuge jeweils denjenigen, der mit den gehosteten Exchange-Mailboxen geliefert wird, die ich verkaufe. Wir benutzten normalerweise Reflexion (gehört heute zu Sophos).

Remote-Monitoring und Patch-Management

Es gibt dutzende von RMM-Tools. Welche Marke Sie auch wählen, für geringe monatliche Kosten werden Sie in die Lage versetzt, alle Geräte der Kunden zu monitoren, patchen und remote zu kontrollieren. Heutzutage ist RMM ein absolutes Must-have-Tool für jeden Service-Provider.

Ich habe mehrere Tools benutzt. Wir begannen mit Kaseya und benutzten es ungefähr zehn Jahre. Dann wechselten wir zu Zenith Infotech (heute Continuum) für weitere fünf Jahre. Nach einiger Zeit wechselten wir zu LogicNow/Max-Focus, das heute zu SolarWinds MSP gehört. In meinem letzten Managed Service-Geschäft nutzte ich exklusiv SolarWinds RMM.

Anti-Virus

Diese Wahl ist superleicht im 21. Jahrhundert: Nehmen Sie, was auch immer mit Ihrem RMM-Tool geliefert wird.

AV ist das einleuchtendste Beispiel dafür, wie >Managed Service-Preisgestaltung< und Cloud-Service-Pakete die finanziellen Relationen beim Vertreiben von Diensten umgekehrt haben. Einst hatten wir den Kunden 5- und 20-Pack-Lizenzen für Anti-Virus-Programme verkauft. So blieben eine Menge Lizenzen ungenutzt!

Jetzt kaufen wir in Massen und bezahlen nur das, was wir nutzen. Aber wir verkaufen Anti-Virus in unseren Cloud-Five-Packs und profitieren von ungenutzten Lizenzen.

Mobile-Device-Management

Wie schon beim Anti-Virus, richte ich mich hier mit der Wahl nach meinem RMM-Tool und nutze den Service, den MDM oder RMM mitliefert. Dies hält Ihr Angebot überschaubar und leicht zu managen.

Cloud-Speicher

Im Jahr 2008 gab es nur sehr wenige Business-Class-Optionen für Cloud-Speicher. Heute gibt es eine geradezu unbegrenzte Anzahl an Möglichkeiten. Ich liebe JungleDisk in Kombination mit Rackspace oder Amazon-Web-Services, weil ich meinen Kunden gern einen Drive-Letter an die Hand gebe. Für sie ist es bequem und sie können es verstehen. Außerdem funktioniert es.

Aber ganz offensichtlich gibt es weitere Optionen von Microsoft (via Office 365, SherePoint und Azure) oder DropBox, eFolder, Datto und dutzenden anderen.

Backup und BDR

BDR – Backup und Disaster-Recovery - hat sich aus zwei einfachen Gründen zu einem riesigen Geschäft entwickelt.

Erstens ersetzt es die meisten grundlegenden Backup-Systeme durch etwas, das stets virtuell arbeitet. Zweitens liefert es einen Fail-over-Service zu einem Preis, den ähnliche Dienste vor einigen Jahren gekostet haben.

Einige BDR-Dienste bestehen aus einer Kombination von Backup und Disaster-Recovery. Andere sind eine Kombination aus Speicher und Disaster-Recovery. Noch einmal, heute gibt es unzählige Optionen, von denen einige bereits erwähnt wurden. Populäre Lösungen im SMB-Bereich stammen von Axcient, eFolder und Datto.

Gehostete Exchange-Mailboxen

Es ist sehr leicht, ein gehostetes E-Mail-Programm zu vertreiben. Und trotzdem fürchten es viele Service-Provider, die noch nicht damit gearbeitet haben. Glauben Sie mir: Sie kommen damit zurecht. Die modernen Exchange-Server (2013 und 2016) machen es Ihnen besonders leicht, neue Dienste zu installieren und E-Mail zu verschieben.

Außerdem werden Ihnen alle Exchange-Vertriebspartner dabei helfen, den Wechsel so sanft wie möglich vorzunehmen. Schließlich liegt es in deren eigenem Interesse, die E-Mail Ihres Kunden auf ihren Server zu bekommen!

Ich persönlich empfinde es als recht mühsam, Microsoft Office 365 zu managen und zu warten. Wir haben es stets vorgezogen, O365 über Vertriebspartner wie Rackspace und Intermedia anzubieten. AppRiver habe ich niemals genutzt, habe mir jedoch sagen lassen, dass es ebenso verlässlich und leicht anzuwenden ist wie Intermedia.

Falls Sie bis jetzt noch keine Erfahrungen haben sammeln können, empfehle ich Ihnen, Ihre eigene in-house E-Mail zu einem Vertragspartner-basierten O365-Service zu bewegen, lediglich um zu sehen, wie zuverlässig es arbeitet und wie leicht es zu handhaben ist. Dokumentieren Sie all Ihre Prozesse und dann beginnen Sie damit, es an Kunden zu vertreiben.

Office-Applikationen

Sobald Microsoft die gegenwärtigen Optionen des Vertriebs von Office-Applikationen ermöglicht hatte, haben wir diese ebenfalls in unser Paket aufgenommen. Für weniger als $15/User/Monat können wir all unseren Kunden die jeweils jüngste Version aller Office-Produkte anbieten.

Dies macht den Kunden >treuer< und reduziert gleichzeitig unsere Support-Kosten. Wir ersparen uns nicht nur das Herumschlagen mit verschiedensten Office-Versionen, sondern wissen auch, dass die neuesten Sicherheit-Updates regelmäßig installiert werden.

Was ist nicht enthalten?

Es gibt ein paar Grundelemente, die wir nicht in unser Bündel packen. Die Managed Service-**Arbeit**-Komponente wird als Add-on verkauft, obwohl wir noch niemals einen Kunden hatten, der die Managed Service-Komponente abgelehnt hätte. Unsere Preisgestaltung (die wir im nächsten Kapitel besprechen werden) war stets darauf ausgerichtet, die Kosten für den Cloud-5-Pack an die Kosten für die Managed Service-Komponente anzugleichen.

Telefone haben wir aus unserem Kernangebot ausgeschlossen, weil die meisten Leute langjährige Verträge mit noch zwei oder drei Jahren Laufzeit abgeschlossen haben und mit denen wollten wir nicht kollidieren. 2006 begannen wir damit, Telefon-Dienste zu verkaufen, schlossen diese jedoch nicht in die Pakete unserer Cloud-Angebote ein. Sie selbst mögen vielleicht andere Erfahrungen gemacht haben.

Die in-house **Network-Hardware** (Router, Firewall, Switches, Kabel etc.) haben wir ebenfalls ausgeschlossen. Doch heutzutage würde ich wirklich in Versuchung geraten, diese ins Paket zu nehmen – insbesondere für Kunden, die ein neues Büro einrichten. Als wir mit unserem Business begannen, hatten wir unseren Kunden bereits all dieses Zeug verkauft, daher machte es wenig Sinn, es ins Paket aufzunehmen.

Schließlich NAHMEN wir eine Option für einen onsite >Server Lite< in unser Paket auf, der sehr gut zu dem Cloud-Service-Angebot passte. Mehr darüber in einer Minute.

Gestalten Sie ein Paket!

Nachdem wir uns entschlossen hatten, all dieses Zeug in ein Paket zu stopfen, entschieden wir uns, die Lizenzen in einem 5er-Pack zu verkaufen. Siehe das Handout >Pricing-Cloud-5-Pack-v4< im Download-Inhalt. Dies ist die jüngste Version unseres 5er-Packs.

Als wir die Kosten für den Vertrieb all dieser Dienste näher betrachteten ($1,50 hier, $1,00 dort plus $5/Monat für dies und das), bemerkten wir, dass unsere Unkosten extrem niedrig waren. Das bedeutete, wir konnten ein Service-Paket zu einem sehr niedrigen Preis verkaufen.

Allerdings, wenn Sie schon viel von mir gelesen haben, wissen Sie vielleicht: Es gefällt mir nicht, etwas zu einem niedrigen Preis zu verkaufen. Ich verkaufe gern zu einem Preis, der hoch genug ist, um ernsthaften Gewinn zu versprechen.

(Das gilt nicht für dieses Buch, dessen Wert weit höher ist als die lumpigen $30, die Sie dafür bezahlt haben.)

Zunächst hatten wir erwogen, die Dienste in Einzelpaketen, 2er- und 3er-Packs zu verkaufen. Doch der Preis war tatsächlich so niedrig, dass wir uns entschlossen, mit einem 5er-Pack-Cloud-Service auf den Markt zu gehen. Damit lagen wir immer noch bei einem so niedrigen Preis, dass man kaum behaupten konnte, es sich nicht leisten zu können.

Bedenken Sie auch, dass wir seit Langem nichts mehr auf dem Markt der Super-Kleinunternehmer verkauft hatten. Dieses Angebot erlaubte es uns, diese Kunden für uns zu gewinnen.

Ich bin mir nicht ganz sicher warum, aber wir fanden es sehr leicht, das 5er-Pack zu verkaufen. Wir verkauften es sowohl an Kunden mit tatsächlich nur einem einzigen User, als auch an Kunden mit der Menge von 72 Usern.

Die Kombination dieser Dienste mit einer >Server Lite<-Option bedeutet wahrlich die Erfüllung unseres Ziels, ein Basis-Angebot an absolut essentiellen Diensten zu offerieren, die ein Kleinunternehmer braucht.

Was ist Server Lite?

Das Konzept des >Server Lite< entstand in den Jahren 2007 – 2008 durch Diskussionen in meinem Blog, als ich Spekulationen über die Technologie, die sich im Zuge der zunehmenden Anzahl an Cloud-Angeboten entwickeln musste, und den Tod des Small-Business-Servers von Microsoft anstellte.

Wenn Sie die diesbezüglichen Blogposts nachlesen wollen, gehen Sie zu blog.smallbizthoughts.com und geben Sie den Suchbegriff >Biz Server Nano< ein. Folgen Sie den Links.

Meiner Meinung nach reichte der Server, den ich 2007-2008 beschrieben habe, ziemlich nah an Microsofts Windows-Server-Edition im Jahr 2009 heran. Heute würde ich sagen, ist es die Windows-Server-Essential-Edition (entweder 2012 oder 2016).

Folgende Eigenschaften muss ein Server Lite besitzen:

1) Er sollte keinen Exchange-Server, SQL-Server, CRM, LOB oder irgendeinen anderen Mission-Critical-Service beinhalten. Falls Sie einen Server mit all diesen Diensten benötigen, dann brauchen Sie einen Business-Class-Server wie den HP ML 350 oder DL 580. Solch ein Server muss ebenso gemonitort und gemanagt werden wie jeder andere Server, mit dem Sie es jemals zu tun gehabt haben. Solch ein Service liegt bei $350 – 500 pro Monat.

2) Er sollte Active-Directory und Group-Policy-Services liefern. Und, natürlich, DNS für den LAN, damit wir schnellen Zugang und Sicherheit auf Domänenebene haben.

3) Er sollte genügend Speicherplatz bereitstellen, sodass Sie einen von zwei Speichertypen installieren können. Falls sich der Primärspeicher in der Cloud befindet (was ich bei JungleDisc und Rackspace bevorzuge), dann besteht der Server Lite aus einem Back-up aus dem Cloudspeicher. Falls der Primärspeicher auf dem Server Lite liegt, dann erfolgt das Back-up der Daten auf den Cloudspeicher.

Das war´s. Lite.

Weil der Server keine Mission-Critical-Dienste unterstützt, reicht ein Gerät für geringe Beanspruchung aus. Trotzdem wollen Sie etwas aus der Business-Class, das drei Jahre hält. Aber Sie brauchen keine überflüssigen Power-Supplies, RAID 10 Arrays, Failover-Spare-Memory etc.

Diese Hardware rangiert bei ungefähr $1000. Vielleicht geben Sie etwas mehr aus, müssen es aber nicht. Denken Sie daran, der Server wird niemals SQL oder Exchange fahren.

Ich präferiere die HP Microserver Linie. Um meine Bewertung dieses Gerätes zu lesen, gehen Sie zu www.YouTube.com und geben >HP Microserver< in die Suchmaske ein.

Auch ein Low-end Dell oder ein anderer Markenserver ist eine gute Wahl. Mir gefallen der Xeon Prozessor und zumindest 8 GB RAM. Ansonsten tut so ziemlich alles hier seinen Dienst.

Das Konzept des Server Lite besteht darin, diesen Kasten onsite für eine Servicegebühr zu integrieren – und so das Versprechen >alle Technologie, die ein Kleinunternehmer braucht< für einen äußerst niedrigen Preis einzuhalten.

Über alte LOBs und andere alte Software

Ugh. Eine Sache, die wir alle am Tech-Support hassen, ist die antiquierte Line-of-Business-Applikation, die niemals verschwinden wird. Manchmal wird die Software nicht mehr upgedatet. Manchmal ist der Kunde zu geizig, sie upzudaten. Und manchmal hat der Händler keine Cloud-Option geschaffen. Manchmal ist der Händler auch gar nicht mehr im Geschäft.

Aus was für einem Grund auch immer, es scheint so, als ob diese Biester immer Teil unseres Jobs bleiben werden. Doch das heißt nicht, dass Sie sie auf dem Server Lite laufen lassen können!

So wie wir uns darum bemühen, zu verifizieren, was wir vom Server Lite erwarten, so müssen wir auch abwägen, was wir in unsere Cloud-Paket packen. Meiner Meinung nach gehört der Umgang mit alten LOBs niemals in das Paket.

Vielleicht benutzen Sie für den Rest der Geschichte einen separaten Server und rechnen entsprechend ab. Vielleicht virtualisieren Sie diesen Kasten, sodass er für immer in einer gehosteten Umgebung leben kann, so wie Azure. Zumindest hoffe ich, dass Sie den Kunden zu einem Upgrade überreden können, falls die Option besteht.

Als nächstes werden wir den Preis des Cloud-Pakets festlegen und Geld verdienen!

Das sollten Sie sich merken:

1. Worin bestehen die absolut essentiellen Technologien, die Sie einem Small-Business-Kunden verkaufen können?

   _____

   _____

   _____

2. Warum ist ein 5er-Pack ein besonders gutes Paket für Small-Business-Cloud-Angebote?

   _____

   _____

---

3. Was macht den Server Lite zu einem >lite<-Angebot?

_____

_____

_____

Damit sollten Sie sich zusätzlich beschäftigen:
- HP Enterprise –www.hpe.com
- Dell – www.Dell.com

21.   Wir stellen ein funktionstüchtiges Paket zusammen

Ich hoffe, ich habe nicht zu viel in das letzte Kapitel gepackt. Es ist mein Ziel, Ihnen so viele Informationen zu liefern, dass Sie ein Angebot zusammenstellen können, das leicht zu verkaufen, leicht zu implementieren und leicht zu betreuen ist.

Nun lassen Sie uns den Besonderheiten zuwenden. Bitte beachten Sie: Ihr Angebot wird mit der Zeit Änderungen unterliegen. Das garantiere ich Ihnen. Als wir ins Geschäft eingestiegen sind, haben wir eigentlich nur sehr grundlegende Dienste auf unserem im letzten Kapitel erwähnten Flyer angeboten. Seit jener Zeit haben wir einiges hinzugefügt – einschließlich Microsoft Office Suite.

Die nächste Frage lautet: Wie gestalten Sie nun den Preis, damit **es funktioniert**. Und mit >funktionieren< meine ich, Sie können es verkaufen, sie können es betreuen und sie können eine Menge Geld damit verdienen.

Ich werde die Preisfindung aus der einzigen Perspektive heraus beschreiben, die mir zur Verfügung steht, nämlich aus meiner persönliche Erfahrung heraus. 2017 sahen unsere Standard Per-Device-Preise für Standard Managed Service auf Platinumebene folgendermaßen aus: $500 pro Server plus $65 pro Workstation.

Ein 10-User-Kunde würde also $500 + $650 = $1.150 pro Monat zahlen.

Mit dem Per-User-Preismodell liegen wir in einer Größenordnung von $105–$125 pro User pro Monat. Das heißt 10 User würden nicht mehr als $1.250 pro Monat kosten.

Denjenigen, die ein Cloud-5-Pack beziehen möchten, würden wir zwei 5er-Packs mit Managed Service-Option plus einem Server Lite verkaufen. Das wären $599 + $599 + $150 = $1.348

Ihre Preise können natürlich anders ausfallen.

Der springende Punkt: Alle drei oben aufgeführten Preise sind sich sehr ähnlich und unterscheiden sich nur um bis zu $200. Sie können alles Mögliche miteinander mixen, das irgendwie zusammenpasst. Aber manövrieren Sie sich nicht in eine Situation hinein, in der weder Sie selbst noch der Kunde automatisch wissen, was im Preis inbegriffen ist. Falls Sie ein Cloud-5-Pack verkaufen, rate ich Ihnen, alle anderen Dienste als Add-on zu diesem zu behandeln. Zum Beispiel zwei Cloud-Packs und einen zusätzlichen voll gemanagten Server.

Lassen Sie uns einen Schritt zurückgehen und uns anschauen, wie wir bis hierher gekommen sind.

Damals, im Jahr 2008, hatten wir uns entschlossen, all dieses Zeug zu einem Paket zu bündeln und einen Pack von fünf Lizenzen für $249 zu verkaufen. Plus einem Paket Managed Services für diese fünf Nutzer für weitere $249. Dazu kam der Server Lite onsite für $100 pro Monat. Eine durchschnittliche Konfiguration für zehn User kostete demnach:

2 × $249 für Cloud-5-Packs

2 × $249 für Managed Service

+ $100/Monat für einen Server Lite

Total: $1.096/Monat für bis zu zehn Nutzer

Als sich die Angebote im Laufe der Jahre fortentwickelten, erhöhten wir den Preis und die Anzahl der inbegriffenen Dienste. Wie Sie auf unserer Preisliste von 2017 sehen können, besteht unser jüngstes Angebot aus folgenden Komponenten:

- Managed-Storage-Space bis zu 250 GB
- Bis zu 5 Microsoft-Exchange-Mailboxen
- Gehostete Website
- Für bis zu 5 User PC-Remote-Monitoring
- Für bis zu 5 Geräte Patch-Management
- Für bis zu 5 User PC-Virus-Scanning
- Für bis zu 5 User Email-Spamfilter
- Bis zu 5 Microsoft Office-Lizenzen
- Bis zu 5 Email-Archiving and Web-Access
- Bis zu 5 Email-Encryption
- Technology-Roadmap-Meetings
- Zwei Stunden kostenloses In-House-Training pro Vierteljahr

Unser Preis liegt heute bei $299 pro Monat für das Kern-5er-Paket und bei $599 für das 5er-Pack mit Managed Service. Für den Server Lite berechnen wir heute $150 pro Monat. Also bringt uns eine 10-User-Umgebung:

2 × $599

+ $150/Monat für den Server Lite

Total: $1,348/Monat für bis zu zehn User.

Sie können natürlich die Preise für Ihre beliebtesten Dienste senken, aber für uns wäre das schlechteste Szenario ein Preis von $190 pro Cloud-5-Pack. Bei zehn Usern wäre das ein Preis von (höchstens) $380.

Das bedeutet immer noch einen Gewinn von 72%. Nicht schlecht, finde ich.

Jetzt rufen Sie bitte die Exceltabelle mit dem Titel >Cost-of-Cloud-Five-Pack< auf, die Sie in den dieses Buch begleitenden Downloads finden. Beginnen Sie damit, die Dienste einzutragen, die Sie bereits wiederverkaufen. Tragen Sie für jeden Dienst Ihren realen Preis ein.

Ich rate Ihnen, Felder in grün zu markieren, sobald Sie Ihre eigenen Preise basierend auf den Diensten, die Sie derzeit verkaufen, eingetragen haben.

Anmerkung: Ich werde von niemandem bezahlt, um irgendwelche Marken oder Produkte zu erwähnen. Ich führe hier lediglich die Dienste auf, die wir in unser Paket aufgenommen, und was wir dafür bezahlt haben. Ihre Ergebnisse können unterschiedlich ausfallen.

Meine sehen ungefähr so aus:

	Quelle	Kosten x1	Kosten x5
Storage - Up to 250 GB	JungleDisk	$30.00	$30.00
Exchange Email	Intermedia	$12.50	$62.50
- Outlook	Inkludiert		
- Public Folder (1)	Inkludiert		
- Activesync	Inkludiert		
- Spam Filtering	Inkludiert		
- Encrypted Email	Intermedia	$7.50	$37.50
- Email Archiving	Intermedia	$3.00	$15.00
- Company Disclaimer	Intermedia	$12.50	$12.50
Office 2016 Pro	Inkludiert		
Office Pro + Access	Intermedia	$3.80	$19.00
Basic Web Site	Dreamhost	$1.00	$1.00
Remote Monitoring	SolarWinds	$1.50	$7.50
PC Patch Management	Inkludiert		
Virus Scanning	SolarWinds	$1.00	$5.00
	Monatlich gesamt:		$190.00

Fazit (sozusagen): Für einen 5er-Pack Lizenzen werden Sie maximal $190 ausgeben. In Wahrheit können Sie sicher sein, weniger zu zahlen.

Ungenutzte Lizenzen

Ein schnelles Mathequiz: Wie viele Ihrer Kunden haben eine User-Population, die sich glatt durch fünf teilen lässt? Antwort: Ungefähr ein Fünftel. Mit anderen Worten, 80% Ihrer Kunden werden ungenutzte Lizenzen besitzen.

Wenn also ein Kunde 38 Angestellte hat, wird er acht 5er-Packs kaufen. Sie kaufen aber keine 40 Lizenzen für die jeweiligen Dienste ein, sondern höchstens 38.

Und es wird noch besser. In den meisten Unternehmen benötigen nur wenige Menschen E-Mail-Archivierung, Encryption oder gar Access-Databases. Also kaufen und installieren Sie vielleicht jeweils fünf Lizenzen von jedem dieser Dienste. Und noch einmal: Wenn die Leute einen Dienst nicht brauchen, bezahlen Sie auch nicht dafür und installieren ihn auch nicht.

Tatsächlich bieten Sie wahrscheinlich sogar ein abgestuftes Preismodell an, wenn das Unternehmen des Kunden wächst. Der Grund ist einfach: Bei kleinen Firmen ist die Anzahl der Power-User hoch. Aber wenn die Firma wächst, erhöht sich die Anzahl der Power-User nicht.

Denken Sie an eine durchschnittliche Anwaltskanzlei. Wenn es dort fünf Anwälte und sieben Supportmitarbeiter gibt, finden wir dort fünf oder sechs Leute, die genau *ein* Gerät benutzen.

Ein Power-User verlangt von Ihnen wahrscheinlich die Betreuung eines Desktop-PCs, eines Laptops, eines Home-PCs und eines Mobiltelefons. Aber sein Büroassistent hat wahrscheinlich nur einen Desktop und ist nicht befugt, sich über sein Mobiltelefon in das E-Mail-Programm zu begeben. Also verfügt der Anwalt über fünf Devices, der Angestellte aber nur über eines.

Wenn ein Unternehmen wächst, scheint es eine natürliche Grenze für die Zunahme an Power-Usern zu geben. Zum Beispiel wird ein Kunde mit sogar fünfzig Angestellten höchstwahrscheinlich nicht einmal zehn Power-user aufbieten. Bei den meisten Angestellten wird wahrscheinlich nur jeweils ein Gerät zu betreuen sein.

Daten Sie Ihr Angebot up

Ich habe bereits erwähnt, dass Ihre Angebote sich mit der Zeit verändern werden. Das war immer schon so. Es war wahrscheinlich nur nicht so offensichtlich. Da Sie jetzt von Zeit zu Zeit Ihr Paket updaten müssen, wird dieser Prozess sichtbarer.

Ich bevorzuge die Strategie, in einem Jahr das Paket zu erweitern und im darauffolgenden Jahr den Preis zu erhöhen. Zum Beispiel haben wir 2016 begonnen, Microsoft Office ins Paket hineinzunehmen. 2017 erhöhten wir den Preis. Die Kunden waren bereits süchtig nach dem verbesserten Angebot, bevor die Preise stiegen.

Und übrigens, machen Sie sich keine Gedanken darüber, was Sie noch alles in Ihr Angebot packen können. Die Chancen stehen wirklich gut, dass entweder die Medien oder Ihr eigenes Geschäft Ihnen eine Antwort liefern.

Wenn ich heute meinem Angebot eine weitere Komponente hinzufügen müsste, wäre das wahrscheinlich ein Password-Vault (Passworttresor) wie PassPortal. Diese werden in den Medien gepuscht. Ich würde ihn als einen Weg verkaufen, um der Verbreitung von Sicherheitsproblemen entgegenzuwirken und gleichzeitig die Privatsphäre der Passwörter zu schützen.

Ein Beispiel für die Änderung Ihres Angebotes basierend auf Ihren internen Vorgängen könnte die Hinzunahme eines Security-Scans sein. Einer meiner Coaching-Klienten hat einfach einen Vertrag mit einem Network-Detective abgeschlossen, sodass er jedem gemanagten Kunden vierteljährlich einen Bericht erstellen und ihm überreichen kann.

Falls Sie so etwas ohnehin in Ihrem Angebot haben, stellen Sie sicher, dass dies auf Ihrer Verkaufsliste vermerkt ist!

Bei der Wahl der Produkte und Dienste, die Sie anbieten wollen, sollten Sie bei dem beginnen, was Sie im Moment und was Sie erwägen, in der Zukunft zu verkaufen.

Falls Sie sich auf etwas spezialisiert haben, geben Sie das ins Paket. Dies kann alles Mögliche sein, von Managed-Print-Services zu Signage oder sogar Security-Monitoring.

Ich denke, mein Angebot ist großartig und spektakulär. Wenn Sie aber nicht in Sacramento, CA arbeiten und es nicht mit Kunden zu tun haben, die so aussehen wie meine, dann ist dieses Angebot für Sie vielleicht nicht perfekt. Wägen Sie gut ab, was Sie verkaufen und ob es sich gut in Ihr Cloud-Paket einfügt.

Und schließlich: Fangen Sie jetzt sofort an! Warten Sie nicht noch fünf oder zehn Jahre! Gewiss verkaufen Sie einige gehostete Dienste. Diese beinhalten wahrscheinlich vieles, das wir in den letzten beiden Kapiteln besprochen haben. Formen Sie diese Angebote zu einem Paket, das Sie wieder und wieder verkaufen können.

Das sollten Sie sich merken:

1. Was bedeutet es, wenn Sie sagen, Ihr Cloud-Paket >funktioniert<?

   _____

   _____

2. Warum sind ungenutzte Lizenzen Ihre guten Freunde?

   _____

   _____

3. Woher wissen wir, dass Ihr Cloud-Angebot sich im Laufe der Zeit verändern wird?

   _____

   _____

Damit sollten Sie sich zusätzlich beschäftigen:

- Network Detective – www.rapidfiretools.com
- PassPortal – www.passportalmsp.com

22.   Die Killer-Kombi: Managed Services und Cloud-Services

Vor ein paar Jahren konnte man so einiges zu dem Thema lesen und hören, dass >die Cloud< alles ist und Sie auf dem Holzweg sind, wenn Sie weiterhin Managed Service vertreiben. Ich möchte diese Leute nicht beschimpfen, aber diese ganze Diskussion war ziemlich töricht – und deshalb ist sie auch so schnell in Vergessenheit geraten.

Cloud-Service und Managed Service gehen Hand in Hand miteinander. Tatsächlich ist das die einfachste Kombination an Diensten, die Sie jemals anbieten können. Die zugrundeliegende Idee ist simpel: Installieren Sie für jeden einzelnen Kunden jeden Dienst an genau dem richtigen Platz. Bei einigen bedeutet das, Data und E-Mails onsite, für andere jedoch in der Cloud.

Das X richtig platzieren

In seinem Buch *Focal Point* erzählt Bryan Tracy die Geschichte eines Kraftwerks, das unter einem grundlegenden Problem litt. Keiner der Ingenieure konnte den Grund herausfinden. Nach einiger Zeit entschlossen sie sich, einen gut bekannten Consultant hinzuzuziehen.

Der Consultant wanderte im Kraftwerk umher und untersuchte die ganze Ausstattung, alle Anzeigen und Messgeräte. Schließlich zog er einen dicken schwarzen Marker aus der Tasche und malte ein großes >X< auf eines der Geräte. Er sagte ihnen, sie sollen das markierte Teil austauschen und ihr Problem wäre gelöst. So geschah es!

In der darauffolgenden Woche erhielt der Manager des Kraftwerks die Rechnung des Consultants über $10.000. Er hatte lediglich dazugeschrieben: >Für erbrachte Dienstleistungen<.

Da der Manager mit der Rechnung nicht einverstanden war, bat er den Consultant, seine Rechnung aufzuschlüsseln. Dieser sandte eine Rechnung zurück, die nun lautete: >Für die Platzierung des ′X′ auf dem entsprechenden Gerät: $1,00. Für die Kenntnis, auf welchem Gerät das ′X′ anzubringen war: $9.999.<

Ich liebe diese Geschichte, weil sie exakt demonstriert, warum wir $100 - $150 pro Stunde (und mehr) in Rechnung stellen. Wir werden dafür bezahlt, dass wir wissen, wo wir das X platzieren müssen.

Wenn es zu der Entscheidung kommt, entweder Cloud-Services oder In-House-Technologie, müssen wir wissen, wann es Sinn macht, einen Server und wann es Sinn macht, einen gehosteten Dienst zu verkaufen. Wir müssen wissen, welche Option für E-Mail, Backup, Spamfilter, Speicher und alles andere die richtige ist.

Wie ich schon in einem zurückliegenden Kapitel erwähnte, habe ich bereits die Websites meiner Kunden in die Cloud migriert, zehn Jahre bevor irgendjemand sie überhaupt so genannt hat. Warum sollte ich mich mit In-House-Webservern herumschlagen und Port 80 öffnen, wenn es beinahe nichts kostet, Websites über einen gehosteten Service zu fahren?

Gleichzeitig bin ich allerdings ein großer Freund von einem physischen Backup-Device onsite. Das kann so simpel sein wie eine Backup-Festplatte oder so verrückt wie ein BDR, der Abbilder in die Cloud schickt. Mir gefällt der Gedanke, Daten wiederherzustellen, während das Internet darniederliegt.

Was E-Mail anbelangt, hängt das sehr stark vom Kunden ab. Ich sehe jedoch den gehosteten E-Mail-Service immer mehr als den geeigneten Weg an. Auch wenn es immer noch Kunden gibt, für die eine In-House-E-Mail die richtige Lösung darstellt.

Wie dem auch sei: Ich denke, Sie haben verstanden, worauf es ankommt. Manchmal macht es Sinn, Dinge im Büro des Kunden zu managen. Manchmal macht es Sinn, einen gehosteten (virtuellen) Server zu verkaufen. Und manchmal macht es Sinn, gehostete Dienste zu verkaufen.

Und weil die Kombination dieser Optionen sich so natürlich ergibt, macht es ebenfalls Sinn, sie alle anzubieten. Wenn Sie sich entscheiden würden, nur On-Site-Services zu verkaufen, glaube ich, würde Ihr Markt so drastisch schrumpfen, dass Ihr Geschäft gefährdet wäre. Und wenn Sie sich entschließen würden, nur gehostete Dienste anzubieten, würden Sie Größe und Vielfältigkeit Ihrer Kunden limitieren.

Wie sieht eine Kombination von Diensten aus? Mal schauen.

Nehmen wir an, Sie haben einen Kunden mit acht Angestellten, um die 250 GB Speicherplatz auf seinem Server, einem älteren SBS-Server mit E-Mail in-house und einem gehosteten Line-of-Business-Service. Dieser Kunde ist der perfekte Kandidat für zwei Cloud-5-Packs mit einem Server Lite.

Nun stellen Sie sich einen Kunden mit einem beinahe identischen Set-up vor. Außer, dass er eine eigene Datenbank unterhält, deren Zugang via RDP erfolgt. In diesem Fall verkaufen Sie dem Kunden zwei Cloud-5-Packs und einen Standard Managed Service-Maintenance-Plan für seinen Terminal-Server. Vielleicht nutzen Sie ganz einfach die alte SBS-Box als Active-Directory-Server und berechnen eine gewisse Gebühr für die regelmäßigen Patches.

Manchmal reden die Leute über Break/Fix, Managed Services und Cloud-Services als ginge es um einen Religionskrieg. In Wirklichkeit müssen Sie nicht Partei ergreifen und sich nicht nur für eine Option entscheiden.

Wie bereits zuvor erwähnt, bin ich kein Fan von >Cafeteria-Plänen<, bei denen sich die Kunden aussuchen können, was immer sie wollen. Ich denke, es ist von ungeheurem Wert, eine begrenzte Anzahl an wohldefinierten Optionen anzubieten. Natürlich müssen Sie flexibel und wendig bleiben.

Überprüfen Sie die Netzwerke der Kunden

Es gibt eine großartige Übung, die Sie durchführen können, um die Bedürfnisse und die Bereitschaft eines Kunden für Cloud-Dienste zu verdeutlichen: Messen Sie das Netzwerk des Kunden auf effektive Internetgeschwindigkeit durch. Dies wird Sie zu allen kritischen Punkten führen, was Ihnen wiederum eine gute Ausgangsbasis für die Diskussion mit Ihrem Kunden gibt.

Siehe die Datei >Speed Test< im buchbegleitenden Downloadinhalt. Es geht hier darum, die aktuelle Geschwindigkeit des Internets an verschiedenen Punkten im Netzwerk des Kunden zu dokumentieren. Siehe das Diagramm weiter unten.

Erstens: Dokumentieren Sie, für welche Leistung der Kunde bezahlt (was ihm versprochen wurde). Dann führen Sie an verschiedenen Punkten entlang des Weges bis zum >End-User-Device< den Speed-Test durch. Zielsetzung ist, jeden Punkt zu finden, an dem die Geschwindigkeit dramatisch abfällt.

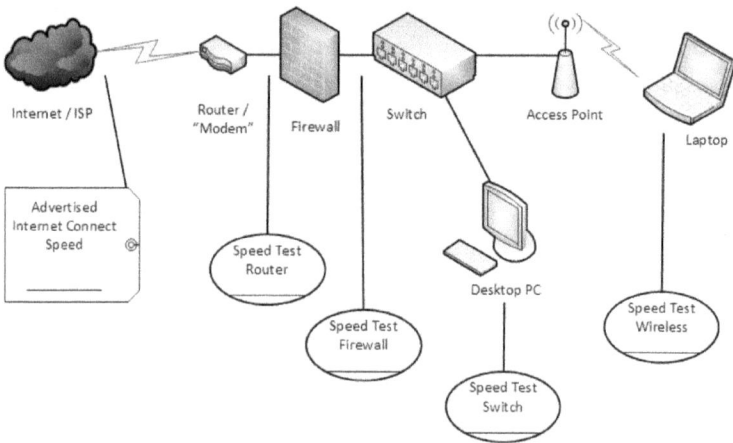

Zum Beispiel habe ich in meinem Büro die folgenden Ergebnisse erhalten:

Versprochene Geschwindigkeit:	100 MB/s
Geschwindigkeit im Router:	85 MB/s
Geschwindigkeit in der Firewall:	75 MB/s
Geschwindigkeit im Switch:	72 MB/s
Geschwindigkeit Wireless:	14 MB/s

In diesem Fall war die Analyse eindeutig. Ich ersetzte den kabellosen Zugangspunkt durch ein schnelleres Device und konnte die Geschwindigkeit umgehend auf ungefähr 70 MB/s erhöhen.

Grundsätzlich suchen Sie nach altem Equipment, schlechtem Equipment und langsamem Equipment. Vor nicht allzu langer Zeit lag die Internetgeschwindigkeit noch unter 10 MB/s. Also verfügten externe Router und Firewall-Ports oft nur über 10 MB. In solch einem Fall wird nichts in Ihrem Netzwerk schneller als das sein können.

Entsprechend verhält es sich mit CAT5-Verkabelung. Sie wird vielleicht einer 1 GB-Netzwerkkarte grünes Licht geben, aber niemals mehr als 300 oder 400 MB/s leisten. Folglich können Sie so schnelle Gigabitekarten und Switches haben wie Sie wollen, und trotzdem niemals eine Gigabite-Geschwindigkeit erreichen.

Nahezu jeglicher Internetverkehr ist heute verschlüsselt. Wenn also Ihre Firewall keine Deep-Package-Inspektion vornimmt, leistet sie wirklich nur das reine Minimum. Und falls sie mehr als ein paar Jahre alt ist, operiert sie mit einer ziemlich niedrigen Geschwindigkeit, einfach weil die Chipsets nicht dafür designed wurden, mit einer Geschwindigkeit von 100 MB/s zu operieren.

Ich empfehle Ihnen dringend, in jedem Ihrer Kundenbüros einen solchen Test durchzuführen und Ihren Kunden die Ergebnisse auszuhändigen. Dies schafft Ihnen den Ausgangspunkt für eine Diskussion, in der Sie dem Kunden vorschlagen, Daten in die

Cloud zu schieben und ihm erklären, welche Cloud-Dienste für ihn am sinnvollsten sind.

Das wird Ihnen auch einen Überblick verschaffen, welche Art von gehosteten Diensten Sie in Ihren Servicekatalog einbauen können. Immerhin wollen Sie doch mit einem Angebot beginnen, das Sie den meisten Ihrer bereits existierenden Kunden verkaufen können.

Letztendlich können wir uns als einen erfolgreichen Consultant bezeichnen, wenn die Kunden sich auf unseren Rat verlassen – und wir gute Ratschläge erteilen. Unser Job ist es, den Kunden zu helfen, gute Entscheidungen bezüglich ihrer Technologie zu treffen.

Einige Kunden widersetzen sich Ihrem Rat und Sie müssen dann daran arbeiten. Andere wiederum nehmen Ihren Rat gern an und befolgen ihn. Die Mehrheit der Kunden verhält sich mal so und mal so.

Wenn Sie den >Katalog der Dienste<, die Sie anbieten, noch ein-mal durchsehen, führen Sie eine Bestandsaufnahme durch, welche gehosteten Dienste Sie im Moment anbieten und welche Sie hoffen, in der Zukunft öfter verkaufen zu können. Sie sollten ein >Standard< Managed Service-Angebot und ein Standard Cloud-Service-Ange-bot kreieren.

Ich glaube, Sie werden erkennen, dass diese beiden Angebote sich von Jahr zu Jahr ähnlicher werden. Unser Cloud-5-Pack ähnelt zum Beispiel ziemlich unserem Platinum Managed Service-Ange-bot. Wir haben lediglich den Preis ein wenig anders gestaltet und schrittweise Data und E-Mail in die Cloud migriert.

Beide Pläne umfassen Cloud-basierte Backups, Spamfilter, Antivi-rus, Remote-Monitoring und Patch-Management und regelmäßige präventive Wartung.

Sobald Sie einmal herausgefunden haben werden, was Sie als den >richtigen< Weg ansehen, Techsupport zu vertreiben, werden Sie schließlich feststellen, dass dieser bei fast allen Kunden gleich aus-fällt. Ein paar Daten weniger hier und ein paar mehr dort ist in der Tat ein äußerst kleiner Unterschied.

Das sollten Sie sich merken:

1. Warum sollten Sie bei jedem Kunden netzwerkumfassende Geschwindigkeitstests durchführen?

   _____

   _____

2. Auf welche Weise gehen Managed Services und Cloud-Services Hand in Hand?

   _____

   _____

3. Worin besteht unser Job als Consultants?

   _____

   _____

Damit sollten Sie sich zusätzlich beschäftigen:

Focal Point von Bryan Tracy

VII.   Die Ausführung des Plans

23.   Kundengespräche

Wenn Sie kein Fan von Soprano´s sind, sollten Sie lieber nicht **Satriale´s Pork Store** besuchen.

In der Fernsehserie *The Soprano´s* trifft sich Toni gern mit anderen Gangstern zu einem >Gespräch< bei Satriale´s. Er macht seine Grenzen klar und danach ist die Beziehung wieder aufgefrischt und neu definiert und es kann weitergehen.

Hier sind die Fakten: Sie müssen sich mit Ihren Kunden zu einem Gespräch zusammensetzen. Das bedeutet von Angesicht zu Angesicht. Das bedeutet persönlich. Das bedeutet Sie persönlich und nicht einer Ihrer Angestellten. Das bedeutet der Kunde persönlich und nicht einer seiner Angestellten.

Sie haben die Beziehung ins Leben gerufen. Sie sind die Kontaktperson, Ihre Persönlichkeit und das Unternehmen. Sie sind der Anfang und das Ende der Geschäftsbeziehung.

Falls Sie unbedingt einen Kunden verlieren wollen, mailen Sie ihm Ihre neue Preisliste und warten Sie auf eine Antwort. [Fügen Sie an dieser Stelle langsame Musik für die Warteschleife ein.]

Hier ein Überblick bezüglich des Gesprächsprozesses:

- Stellen Sie die entsprechenden Daten zusammen.

- Bereiten Sie Mappen vor.

- Treffen Sie jeden einzelnen Ihrer Kunden.

- Fordern Sie jeden einzelnen auf, eines Ihrer neuen Angebote zu wählen.

- Trennen Sie sich von jedem Kunden, der sich weigert, einen neuen Vertrag zu unterzeichnen.

Stopp: Ich meine es ernst. Sie müssen ehrlich und ernsthaft tief in Ihrem Inneren bereit sein, aufzustehen und zu gehen.

Sehen Sie doch, wie weit Sie bereits gekommen sind: Sie haben Ihren idealen Kunden definiert, Ihre Preisstruktur und Ihren Service-Rahmenvertrag entworfen. Sie haben eine großartige dreistufige Preistabelle erstellt. Sie wissen, was Sie wollen und haben es quantitativ festgelegt. Sie haben Dienste aufgelistet und mit Preisen versehen.

Sie sind 100 % bereit loszulegen.

Nun müssen Sie lediglich noch den Mut aufbringen aufzustehen und wegzugehen.

Wichtiger Verhandlungstipp: Wenn Sie nicht bereit sind, aufzustehen und wegzugehen, werden Sie verlieren (oder zu viel zahlen oder zu wenig bekommen). Daher werden wir Ihnen dabei helfen, zu dem Punkt zu gelangen, an dem Sie genügend Selbstbewusstsein, Erfahrung und Rückgrat besitzen, um wegzugehen.

Sortieren Sie Ihre Kunden

Das haben Sie bereits getan: In Kapitel 8 haben Sie drei verschiedene Listen angefertigt. Wir werden sie Silber, Gold und Platinum nennen. Versuchen Sie jetzt aufgrund vergangener Erfahrungen zu erraten, welchen Vertrag jeder einzelne Kunde unterzeichnen wird.

Das Ergebnis ist eine neue Liste mit drei Spalten, die folgende Überschriften erhalten: >unterzeichnet voraussichtlich Silber<, >unterzeichnet voraussichtlich Gold<, unterzeichnet voraussichtlich Platinum<.

Stellen Sie Daten zusammen und bereiten Sie Mappen vor

Bei jedem Kunden werden Sie mit einer netten Präsentationsbroschüre auftauchen. Falls Sie bereits welche haben, großartig. Falls nicht, gehen Sie schnell zum Bürobedarfsladen und kaufen Sie ein paar Mappen. Ich würde zu diesem Zweck nicht extra welche drucken lassen. Doch was immer Sie auch tun ist okay.

Zumindest sollten Sie mit einer netten Mappe beim Kunden erscheinen, die Ihren Namen auf dem Titelblatt trägt und Ihre Visitenkarte im Inneren verbirgt.

Erinnern Sie sich an den Report >Arbeitsstunden pro Kunde<? Generieren Sie jetzt bitte diesen Report für die letzten 12 Monate. Drucken Sie zwei Kopien aus, sodass Sie diese mit Ihrem Kunden durchsprechen können. Der Report zeigt die Summen, die der Kunde Ihnen für Arbeitsstunden innerhalb der letzten 12 Monate gezahlt hat.

Anmerkung: Falls ein Kunde tatsächlich fast nichts ausgegeben haben sollte, vergessen Sie den Report! Einmal haben wir einen Kunden besucht, der ungefähr $1000 im vorangegangenen Jahr ausgegeben hatte. Wir waren zu 99% davon überzeugt, dass er kneifen würde, wollten ihm aber trotzdem die Entscheidung überlassen. Er unterzeichnete einen Vertrag von $500 pro Monat. Das macht $6.000 pro Jahr. Wir schätzen uns glücklich, diesen Kunden an Bord zu haben.

In die Mappe gehören außerdem zwei Kopien Ihres neu entworfenen Service-Rahmenvertrags, zwei Kopien der Preisliste und eine Kopie Ihres Kreditkartenvertrages über wiederkehrende Zahlungen. Den werden Sie benötigen, falls der Kunde per Kreditkarte bezahlen will.

Das ist alles. Kein Werbematerial (die Kunden kennen Sie bereits).

Klar und einfach.

Vereinbaren Sie Termine

Die Reihenfolge, in der Sie mit Ihren Kunden sprechen, ist extrem wichtig. Sie haben Ihre dreistufige Liste vorliegen: unterzeichnet voraussichtlich Platinum, Gold, Silber.

Sie werden aus verschiedenen Gründen am unteren Ende beginnen (unterzeichnet voraussichtlich Silber).

Erstens: Sie glauben, dass die meisten dieser Leute überhaupt keinen Vertrag unterzeichnen werden.

Zweitens: Dies sind tatsächlich die Leute, bei denen es am wahrscheinlichsten ist, dass sie nicht unterzeichnen.

Drittens: Falls Sie einen Vertrag eingehen, wird es wahrscheinlich Silber sein.

Hier ist die Strategie: Bis jetzt haben Sie Ihr großartiges neues Angebot noch niemandem angeboten. Also beginnen Sie bei den Kunden, von denen Sie am wenigsten erwarten. Sie werden Ihr Modell erklären und die Besonderheiten jedes Angebotes. Dann werden Sie die Worte sprechen: >Wir glauben, Platinum ist das Beste für Sie.<

Sie werden gut zuhören. Sie werden jede Frage, jeden Einwand notieren und jedes Mal, wenn der Kunde sagt: >Das ist ein guter Punkt<, es ebenfalls vermerken.

Mit anderen Worten, die Strategie basiert darauf, dass diese Silberanwärter Ihnen *beibringen, wie man dieses Produkt* an die nächste Kundenebene *verkauft*. Sie werden alle Knackpunkte und Fragen kennenlernen. Und die Antworten entwickeln.

Auf diese Art werden Sie absolutes Vertrauen in Ihr neues System entwickeln. Indem Sie es vor anderen rechtfertigen, rechtfertigen Sie es vor sich selbst. Sie werden so viel Kool-Aid trinken, wie Sie anderen einschenken.

Vorerst machen Sie bitte nur Termine mit den Silberanwärtern. Die Goldanwärter werden Sie terminieren, nachdem Sie die Hälfte der Silberdelinquenten abgehandelt haben.

Wichtiger Sicherheitstipp: Sie müssen die Kunden persönlich treffen!!! Sie können die Gespräche nicht übers Telefon führen oder einfach die Preisliste per E-Mail verschicken.

Dies ist ein Gespräch.

Ihr Geschäft wird 15-30 Minuten zum Stillstand kommen, während Sie Ihrem Kunden am Tisch gegenübersitzen und darüber reden, wie sich Ihre neue Geschäftsbeziehung gestalten wird. Dementsprechend wird auch das Geschäft Ihres Kunden für 15 bis 30 Minuten unterbrochen. Sie zwingen ihn dazu, sich Zeit zu nehmen, sich zu setzen und mit Ihnen über einen neuen Vertrag zu reden.

Lassen Sie sich nicht entmutigen, wenn die Kunden nicht gleich begeistert die Gelegenheit ergreifen, sich mit Ihnen zu treffen. Sie sind schließlich beschäftigt und Sie sind lediglich ein weiterer Verkäufer. Plus, die Kunden erwarten wahrscheinlich schlechte Neuigkeiten oder eine Preiserhöhung. Doch meist sind sie einfach nur beschäftigt.

Lassen Sie sich nicht auf ein Treffen mit dem Büromanager oder Ihrem Erstkontakt ein, außer derjenige hat die Vollmacht, einen Vertrag zu unterzeichnen.

Treffen Sie sich mit niemandem, der nicht ja sagen kann.

Viele Leute können nein sagen, aber nur ein oder zwei können ja sagen. Treffen Sie sich mit niemandem, der nicht ja sagen kann.

Wenn Sie die Beziehung zu Ihrem Kunden neu definieren wollen, ist ein Unternehmer-zu-Unternehmer-Gespräch unabdingbar. Sie werden ihm Ihr neues System erklären und er wird sich ein Angebot aussuchen.

Wenn Sie das Verkaufsgespräch mit jemandem führen, der nicht autorisiert ist, ja zu sagen, werden Ihr Angebot, Ihre Preise und Ihre vergangene Geschäftsbeziehung aus dessen Sicht interpretiert werden. Und selbst wenn es sich um einen Anwalt handelt, wird er >die höheren Mächte< nicht überzeugen können, Ihren Vertrag zu unterzeichnen.

Treffen Sie sich mit niemandem, der nicht ja sagen kann.

Falls Sie zu einer Verabredung erscheinen und die Person, die ja sagen *kann*, nicht antreffen, seien Sie höflich und fragen Sie nach einem neuen Termin. Lassen Sie sich nicht darauf ein, Ihr Angebot vorzustellen. Führen Sie das Gespräch mit niemandem, der nicht ja sagen kann.

Kann ich jetzt aufhören, die Gebetsmühle zu drehen? Führen Sie das Gespräch mit niemandem, der nicht ja sagen kann.

Bereiten Sie sich auf das Treffen vor

Es bedarf noch ein paar weiterer Vorbereitungen, bevor Sie zu Ihrem Verkaufsgespräch aufbrechen können. Wenn Sie kein Ein-Mann-Betrieb sind, ist das extrem wichtig.

Vor jedem neuen Gespräch machen Sie sich speziell auf diesen Kunden bezogene Notizen. Das ausgedruckte Blatt mit den bisherigen Ausgaben des Kunden haben Sie bereits. Jetzt müssen Sie noch sicherstellen, dass Sie über folgende Informationen verfügen:

1) Gibt es irgendwelche offenen Rechnungsprobleme? Hat der Kunde vor Kurzem eine Rechnung in Frage gestellt, zu viel oder zu wenig bezahlt etc. Was sonst noch? Seien Sie achtsam!

2) Gibt es irgendwelche derzeitigen Probleme, die etwas >zäh< sind? Mit anderen Worten, erscheinen Sie zu einem Verkaufsgespräch, während der Server heruntergefahren ist und das E-Mail-Programm nicht läuft? Das wäre natürlich äußerst katastrophal. Dementsprechend: Gab es vor Kurzem irgendein Problem, das Ihr Team auf spektakuläre Weise behoben hat?

3) Gibt es irgendwelche anderen Probleme in der Beziehung zu Ihrem Kunden, derer Sie sich bewusst sein sollten? Wenn Sie die ersten fünf Kundengespräche führen und alle fünf Kunden über eine zu lange Reaktionszeit klagen, sollten Sie sich besser zuerst darauf konzentrieren und die Geräte mit zurück in Ihren Laden nehmen und das Problem beheben.

4) Gibt es irgendwelche technischen Anforderungen, die erfüllt werden müssen, bevor der Kunde einen der Verträge unterzeichnen kann? Zum Beispiel hatte sich einer unserer ersten Vertragskunden geweigert, gutes Geld für ein professionelles Backup-System auszugeben. Er nutzte das uralte NT-Backup. Daher war eine unserer Bedingungen, dass er Backup Exec kaufen musste, was er auch tat!

5) Gab es vor Kurzem irgendeinen Reparaturfall, der gedeckt gewesen wäre? Das ist insbesondere für den Platinumplan eine gute Voraussetzung. Die 10-Stunden-Tortur, als der DNS-Server ausgewechselt wurde? Das wäre gedeckt gewesen. Kling-kling.

All diese Punkte können zu erheblichen Störfaktoren werden. Sie begeben sich mit jemandem, der ja sagen kann, in ein Verkaufsgespräch auf höchster Ebene. Und diese Person hat alles Recht, alles und jedes auf den Tisch zu bringen, was die Geschäftsbeziehung positiv (oder negativ) beeinflusst. Lassen Sie sich nicht überraschen! Lassen Sie sich nicht überrumpeln!

Sie wollen doch auf jeden Fall Ihr Verkaufsgespräch mit den Worten beginnen >Ich denke, im Moment läuft alles wie geschmiert.< Und Sie werden alles tun wollen, um die Antwort zu erhalten: >Oh ja, wir sind ausgesprochen glücklich mit Ihrem Service.<

Fortsetzung folgt.

Sorry, dieses Thema ist so umfangreich. Aber auch super wichtig. An diesem Punkt läuft alles zusammen, um Ihr Ziel zu erreichen: in diesem Monat zumindest einen Vertrag zu unterzeichnen!

Als nächstes werden wir uns dem Gespräch selbst zuwenden. Juckt es Ihnen nicht schon in den Fingern?

>E-Mail-Posteingang<

Mike schreibt über die richtige Kundengröße

Mike stellt ein paar großartige Fragen zu Vertragsabschlüssen mit Kunden. Seine Befürchtungen:

1) Kunden sind sehr klein (unter $1000/Jahr).

2) Das kundentypische Set-up liegt unter 10 Plätzen; Windows Professional, Peer to Peer; Desktop-Aktion als Server; kein Backup, kein RAID; keine redundante Stromversorgung; Web und E-Mail outside gehostet.

3) Auf einen realen Server umzusteigen bedeutet mehr Kopfschmerzen und höhere Kosten. >Meiner Auffassung nach ist Managed Service glorifiziertes Babysitting.<

Mike, ich denke, zuerst einmal sollte ich Ihnen das sagen, was ich auch immer meinen Präsentationen voranstelle:

Es ist ebenso leicht, sich in einen reichen wie in einen armen Mann zu verlieben

Was so viel heißen soll wie: Sie werden ebenso hart arbeiten müssen, einen Technologie-abhängigen Kunden zu bekommen wie einen Break/Fix-Kunden, der Technologie keinen Wert beimisst.

Mit beiden Kundentypen werden Sie es für immer zu tun haben. Beide benötigen einen bestimmten Grad an technischem Support. Denken Sie daran: Egal, wie ein Kunde aus der Entfernung aussehen mag, es gibt solche, die Geld ausgeben, und solche, die es nicht tun. Es gibt solche, die seriösen technischen Support brauchen, und solche, die ihn nicht brauchen.

Unser durchschnittlicher Kunde besitzt im Moment zwölf Angestellte mit vielleicht 14 Computern (einschließlich Laptops) und einem Server. Er verfügt über eine Domaine mit Windows Server, ein Tape- oder Online-Backup und zumindest E-Mail onsite. Vielleicht auch über einen Web-Server onsite.

Sie sehen also, man kann auch mit kleinen Kunden, die nur zwölf oder weniger Arbeitsplätze haben, ein Geschäft machen. Mit welcher Gruppe auch immer Sie es zu tun haben, immer werden Sie Leute finden, die auf Technologie bauen und bereit sind, in sie zu investieren.

In der gleichen Gruppe werden Sie aber auch Leute finden, die der Technologie keinen Wert beimessen und nicht bereit sind, in sie zu investieren. Dies gilt für viele Gruppierungen: Ärzte, Anwälte, Buchhalter, Vereine etc.

Hier ist ein perfektes Beispiel:

Den ersten Flat-Fee Managed-Service-Vertrag haben wir mit einem Kunden abgeschlossen, der über neun Desktops und einen Server verfügte. $6.000/Jahr.

Dann (ich schwöre, es entspricht der Wahrheit) sprach ich mit jemandem, der zehn Desktops und einen Small-Biz-Server besaß. Er sagte, es wäre ihm egal, wenn sein Server ein oder zwei Tage lahmgelegt sei. Er wolle zwar sichergehen, dass seine Dokumente durch ein Backup gesichert seien, aber falls er ein paar verlöre, sei das auch okay.

Was sollte ich darauf antworten? >Also, wenn Ihnen die Technologie Ihres Unternehmens gleichgültig ist, werde ich mich mit Sicherheit nicht darum kümmern.<

Die erste Person ist immer noch unser Kunde. Die zweite nicht.

Was das Geschäft anbelangt, gehe ich stets davon aus, dass der Leser sich für sein Business Wachstum wünscht. Die Anzahl der Kunden erhöhen. Die Einnahmen pro Kunde erhöhen. Den Profit erhöhen. Die Professionalität verbessern. Kenntnisse und Fähigkeiten vergrößern. Zur nächsten Ebene aufsteigen, wie auch immer diese aussehen mag.

Ich weiß, das trifft nicht auf jeden SMB-Consultant zu.

Ob meine Meinung nun für jemand anderen nützlich ist oder nicht, sie richtet sich an ein Publikum, das sein Geschäft genügend wachsen lassen will, um als Inhaber eines Technologie-Consulting-Unternehmens reich zu werden.

Ich bekomme auch ein Gespür dafür, dass manche nicht persönlich vom Bedarf (und dem Wert) des Managed Service überzeugt sind.

Ich übervorteile meine Kunden niemals und ich glaube nicht, dass ich jemals einen anständigen SMB-Consultant getroffen habe, der das täte. Nur weil jemand von Peer-to-Peer auf Server und Domaine umgestellt wird, bedeutet das nicht, dass ihm mehr verkauft wurde als er benötigt.

Tatsächlich ist es viel typischer für Consultants, zu wenig zu verkaufen: Sie gehen davon aus, dass der Kunde kein Geld ausgeben will. Also verkaufen Sie dem Kunden keinen Server, obwohl er einen bräuchte. Sie lassen ihre Kunden auf alter Technologie und unterversorgten Computern hängen, die am Ende mehr kosten als sie einsparen. Sie lassen ihre Kunden lieber jedes Mal, wenn ein Passwort geändert wird, zu fünfzehn verschiedenen Desktops rennen, als dass sie ihnen einen simplen Domain-Controller verkaufen würden.

Also zurück zur eingangs gestellten Frage: Wie kommen Sie über den Berg? Beginnen Sie, indem Sie das Buch *The Dip* von Seth Godin lesen.

Sie müssen keinen Berg überwinden, sondern eine Senke zu durchqueren!

Erfolgsrezept

Nichts für ungut, ich würde Folgendes tun:

Erstens: Definieren Sie, wie Ihr minimaler Kunde aussieht.

Zweitens: Legen Sie Ihre Intentionen fest. Überzeugen Sie sich selbst, dass Sie nicht jeden Dollar aufheben müssen, der auf Ihrem Weg liegt.

Und wehren Sie jeden Kunden ab, der nicht in Ihr Profil passt. Unbedingt.

Sie werden nicht ohne Geld dastehen, weil Sie doch immer noch dieselben Einnahmen haben werden wie heute. Doch an dem Tag, an dem Sie auf den Kunden treffen, der Ihren Kriterien entspricht – puff – haben Sie eine Stufe der Leiter erklommen. Und Sie haben Ihren ersten Managed Service-Kunden.

Es ist hart, auf das Geld zu verzichten, aber in Wahrheit halten Sie solche Kunden wie Ihre unten. Mit solchen Kunden sind Sie stets beschäftigt und unterstützen Leute, die eigentlich mit Best Buy oder Fry´s perfekt bedient wären.

Wenn Sie über den Berg kommen wollen, beginnen Sie einfach damit, nach Kunden zu suchen, die interessiert und bereit sind, einen Server zu bekommen.

Der magische Punkt für viele Leute ist Sicherheit. Verkaufen Sie den Server als sicheren Ort, an dem alle Daten des Kunden gespeichert, von dem aus ein Backup vorgenommen und alle User gemanagt werden können.

Aber Sie können nicht noch mehr Kunden annehmen, die genau Ihren alten entsprechen. Denn diese halten Sie davon ab, am Spiel teilzunehmen!

Kundengespräche, Teil 2

Rekapitulieren wir:

Bis jetzt haben wir gesprochen über …

- die Zusammenstellung Ihrer Daten
- die Vorbereitung Ihrer Präsentationsmappen
- die Vereinbarung der Termine
- das Zusammentragen aller Informationen betreffend Ihrer >Geschäftsbeziehung< zu dem Kunden

Jetzt sind Sie bereit loszulegen. Sie können es kaum erwarten, zur Tür hinauszugehen und ein Kundengespräch zu führen. Daher werden wir jetzt über Folgendes sprechen:

- das bevorstehende Gespräch
- Set-up-Gebühren
- Vorauszahlungen

Das sollten Sie sich merken:

1. Sollten Sie einen Kunden bereitwillig abweisen, der keinen Managed Service-Vertrag unterzeichnen will?

   _____

   _____

2. Mit wem sollten Sie sich NICHT zu einem Verkaufsgespräch treffen, wenn es um den Wechsel zum Managed Service geht?

   _____

   _____

3. Sollten Sie sich bereitwillig von Kunden trennen, die nicht Ihrem Idealbild entsprechen?

   _____

   _____

Damit sollten Sie sich zusätzlich beschäftigen:

- *The Dip* von Seth Godin: http://sethgodin.typepad.com/the_dip
- *The 100 Absolutely Unbreakable Laws of Business Success* von Brian Tracy
- *Leadership Secrets of Attila The Hun* von Wess Roberts
  - Manchmal scheinen mir die Analogien ein bisschen weit hergeholt, aber man findet hier ein paar gute Ratschläge. Ein bisschen zynisch.
- *Super Service: Seven Keys to Delivering Great Customer Service...Even When You Don't Feel Like It!...Even When They Don't Deserve It!* von Jeff Gee, Val Gee

24.   Das Treffen

[Spielen Sie dramatische Musik ab.]

Okay. Sie sind bereit. Sie haben Ihren großartigen dreistufigen Plan. Sie haben einen neu entworfenen Managed Service-Vertrag. Sie haben alle finanziellen Daten bezüglich des Kunden. Sie sind sich der Bedingungen für einen Vertragsabschluss, Probleme in der Kundenbetreuung und dem technischen Stand bewusst.

In Gedanken sind Sie mit dem Üben einer Rede beschäftigt. Hören Sie auf damit!

Sie kennen diese Leute. Sie haben doch mit ihnen zusammengearbeitet. Sie unterhalten eine gute Beziehung.

Es geht lediglich um eine Sache.

Und was geht im Kopf des Kunden vor? Denken Sie darüber nach. Er geht davon aus, dass Sie ihm eine wichtige Mitteilung machen wollen. Sie geben Ihr Geschäft auf. Sie erhöhen Ihre Preise. Sie wollen sich von ihm als Kunden trennen.

Was auch immer der Kunde denken mag, er ist neugierig. Insbesondere da Sie auf einem Gespräch unter vier Augen bestanden haben etc. Das erscheint etwas formeller als Ihr gewohnter Umgang.

Die gute Neuigkeit lautet also: Der Kunde weiß, dass Sie sich treffen, um die Preise zu erhöhen. Haben Sie keine Angst vor diesem Fakt. Es handelt sich um eine stillschweigende Abmachung, bevor Sie überhaupt bei dem Kunden auftauchen.

Treten Sie ein. Erscheinen Sie frühzeitig. Machen Sie es sich bequem. Sagen Sie Hallo. Tauschen Sie einige Höflichkeiten aus. Was kann ich heute für Sie tun? Und hier habe ich etwas für Sie.

>Wir stellen auf ein neues System um. Unser Unternehmen investiert in Produkte, die es uns erlauben, ein weitaus höheres Niveau an Support zu einem großartigen Preis anzubieten.<

>Wir stellen auf ein System um, bei dem Ihnen drei verschiedene Optionen zur Verfügung stehen, je nach Ihren Bedürfnissen.<

>Ich beginne mit dem Silber-Angebot, da es die grundlegendsten Bedürfnisse deckt. Alles andere baut darauf auf.<

Beschreiben Sie Silber. Dann Gold. Und für nur ein bisschen mehr Geld stellen Sie Platinum vor.

>Wir glauben, Platinum ist für Sie das Richtige, denn damit sind Sie total abgedeckt. Wir werden alles für Sie managen.<

>Während des letzten Jahres haben Sie ungefähr… [$_____] ausgegeben. Das kommt ungefähr auf das Gleiche hinaus wie (Plan) …<

Schweigen Sie.

Lassen Sie die Stille wirken.

Sagen Sie nichts.

Fürchten Sie sich nicht vor der Stille.

Beantworten Sie alle Fragen (Machen Sie sich Notizen für Ihr nächstes Treffen. Erstellen Sie vielleicht sogar eine Liste mit den am häufigsten gestellten Fragen.).

Fragen Sie nach, ob der Kunde kaufen möchte.

Lassen Sie diese Frage nicht im Raum stehen.

>Ich würde gern mit Ihnen den (Platinum)-Vertrag abschließen. Die Laufzeit kann heute schon beginnen.<

Set-up-Gebühren

Es gibt Set-up-Gebühren. Hier sind die Fakten:

Sie sollten eine Set-up-Gebühr verlangen. Ihre Tätigkeit hat einen Wert. Und Sie bezahlen für Continuum, LabTech, SolarWinds MSP oder ein anderes RMM-Tool. Außerdem zahlen Sie für Autotask, ConnectWise, TigerPaw oder ein anderes PSA. Und vielleicht für einen Spamfilter. Und ein Anti-Virus-System. Sie haben Unkosten. Es kostet Geld, das zu tun, was Sie vorhaben.

Selbst wenn Sie die Tools noch nicht gekauft haben (zukünftiges Thema), werden Sie die Kosten tragen müssen, Server- und Desktop-Monitoring mit anderen Mitteln vorzunehmen.

Gleichzeitig können Sie die Set-up-Gebühr jedoch flexibel gestalten. Einige Leute würden kein Geschäft abschließen, ohne nicht etwas von Ihnen zurückzubekommen. Irgendetwas. Ein kostenloser Stift. Einen glänzenden Penny. Geld ist dabei nicht so wichtig. Sie rühmen sich, stets gute Geschäfte zu machen. Wenn Sie Lebensmittel einkaufen, fragen Sie nach einem kleinen Extra. Sie können nicht anders.

Nehmen wir einmal an, Ihre Set-up-Gebühr beträgt 50% der monatlichen Pauschale. Sie könnten auch 100% verlangen.

Sie können aber auch aus jedem Grund, der Ihnen zufällig in den Kopf kommt, auf diese Gebühr verzichten oder sie senken. Oder Sie bieten dafür vollen Service bis zum Ende des laufenden Monats an.

Anfang oder Mitte des Monats und wenn es sich um einen durchschnittlichen Kunden handelt, sollten Sie unter allen Umständen auf die Gebühr bestehen.

Falls ein Kunde Sie total genervt und sich geweigert hat, einen Vertrag zu unterzeichnen, dann aber seine Meinung geändert hat: Volle Set-up-Gebühr, keine Fragen stellen.

Falls jemand am dritten Tag des Monats unterzeichnet, stellen Sie den Managed Service-Vertrag (MSA) für den vollen Monat aus und verzichten auf die Set-up-Gebühr.

Sie haben den großen Zusammenhang verstanden. Nur eine weitere Variable.

Noch eine Sache

Es gibt noch eine Sache, die Sie dem Kunden klarmachen müssen:
>In dem neuen System basieren alle Angebote auf *Vorauszahlung*.
Wir können die Summe also monatlich von Ihrer Kreditkarte abbu-
chen oder Sie können per Scheck oder ACH jeweils drei Monate im
Voraus zahlen. Das bleibt Ihnen überlassen.<

Versuchen Sie nicht, mit mir über diesen Punkt zu diskutieren. Siehe
unsere frühere Überlegung zum Cashflow. Siehe auch Kabel-Rech-
nungen, Telefon-Rechnungen, Kopiergerät-Rechnungen, Miete,
Elektrizität, Versicherungen, Alarmanlagen etc. Sie passen sich lediglich an die Verhältnisse im 21. Jahrhundert an. Willkommen an Bord.

Beenden Sie das Gespräch

Okay. Am Schluss des Treffens sollten Sie einen unterzeichneten
Vertrag in Händen halten. Unterzeichnen Sie zwei Exemplare, für
jeden eins. Kalkulieren Sie die Set-up-Gebühren und die monatliche Pauschale.

Vergessen Sie nicht, eine Autorisation für die Kreditkarte zu erfra-
gen, falls mit einer solchen gezahlt wird. Entsprechendes gilt für
ein ACH-Formular. Falls mit Scheck bezahlt wird, sollten Sie einen
Scheck für die nächsten drei Monate erhalten.

Bedanken Sie sich überschwänglich. Versichern Sie dem Kunden,
dass er sehr glücklich sein wird und dass Sie sich so um ihn kümmern werden, wie er es sich kaum vorstellen kann. Weil das der
Wahrheit entspricht.

FALLS Sie, aus welchem Grund auch immer, den Kunden ohne
einen unterzeichneten Vertrag verlassen, vereinbaren Sie einen
Termin, bis zu dem der Kunde Ihnen mitteilt, was er zu tun beabsichtigt. Der Termin sollte zeitnah gelegt werden – innerhalb von
zwei Wochen.

Der Kunde muss sich entscheiden. Falls Sie sich dabei erwischen,
dem Kunden hinterherzutelefonieren oder zu schreiben, müssen

Sie ihm einen Verabschiedungsbrief schicken. Seien Sie professionell und respektvoll. Heißen Sie ihn willkommen, falls er eines Tages doch professionellen technischen Beistand benötigen sollte.

>Keine Entscheidung< stellt keine Option dar.

Als Nächstes besprechen wir all den Papierkram, den Sie nach dem Verkauf erledigen müssen.

Aber jetzt genießen Sie erst einmal Ihren Sieg!

Das sollten Sie sich merken:
1. Was denkt sich der Kunde wahrscheinlich, wenn Sie ihn um ein Gespräch bitten?

    _____

    _____

2. Sollten Sie eine Set-up-Gebühr verlangen?_____!

3. Wann bringen Sie das Gespräch auf das Thema, dass Ihr Service an jedem Ersten eines Monats im Voraus bezahlt werden muss?

    _____

    _____

Damit sollten Sie sich zusätzlich beschäftigen:
*   Autotask – www.autotask.com
*   ConnectWise – www.connectwise.com
*   TigerPaw – www.tigerpaw.com
*   Continuum – www.continuum.com
*   LabTech – www.labtechsoftware.com
*   SolarWinds MSP – www.solarwindsmsp.com

25. Nach dem Verkauf

Status-Check:

Sie haben gerade einen Vertrag abgeschlossen.

Yeah!

Gratulation.

Schicken Sie umgehend eine E-Mail an karlp@smallbizthoughts. com und melden Sie: >Ich habe es geschafft!<

Melden Sie sich bei der Managed Services-Yahoo-Group an und proklamieren Sie Ihren Sieg. http://groups.yahoo. com/group/SMBManagedServices/

Melden Sie sich bei Reddit MSP Discussion an und proklamieren Ihren Erfolg. https://www.reddit.com/r/msp/

Unterthema 1: Beschäftigung mit dem Kleinkram

Nun müssen wir uns um einige sehr praktische Dinge kümmern.

Das Kundengespräch können Sie noch nicht abhaken, bevor Sie sich nicht um die lange Liste der banalen Kleinigkeiten gekümmert haben, die jetzt getan werden müssen. Wie geht Karl damit um? Ich habe eine Überraschung für Sie: Wir haben eine Checkliste!

Zuerst legen Sie ein Titelblatt mit den folgenden Daten an:

- Name des Kunden
- Datum
- Vertrag (erste Runde) Silber - Gold - Platinum
- # Server/Kosten für Server
- # Workstations/Kosten für Workstations
- Monatliche Pauschale
- Set-up-Gebühren
- Setup wird bezahlt per (erste Runde) Scheck/Kreditkarte

- Monatlich wird gezahlt per (erste Runde) Scheck/Kreditkarte
- Korrekte Zahlungsinformationen

Auf der nächsten Seite legen Sie eine Liste mit den anfallenden Aufgaben an, wer dafür verantwortlich ist und zu welchem Zeitpunkt die Sache erledigt wird. Sie können das Dokument sogar als >Verteilerliste< benutzen, um sicherzugehen, dass alle Personen oder Abteilungen die ihnen zugeteilten Aufgaben auch ausführen.

Falls Sie allein arbeiten, müssen Sie die Liste trotzdem anfertigen und sich um all die Dinge selbst kümmern.

Die folgende Liste ist nur ein fiktionales Beispiel und repräsentiert auf keinerlei Weise, was wir in unserer Firma tun.

Ihre Liste:

- Geben Sie den gewählten Zahlungsmethoden der Kunden die passenden Bezeichnungen (diese benutzen Sie in Ihren RMM-Tools, Ihrem PSA, Ihrem Buchhaltungssystem, Ihrer E-Mail-Liste etc.)
- Entwerfen Sie Rechnungen für die Set-up-Gebühren/monatlich
- Kalkulieren Sie die Zahlungen des ersten Monats, Pauschale + Set-up
- Ziehen Sie das Geld ein.
- Falls Kreditkarte/ACH:
- Lassen Sie sich die Kreditkarte geben/ACH-Formular.
- Belasten Sie die Kreditkarte oder ziehen Sie via ACH ein: initiale Set-up-Gebühren/monatliche Pauschale des ersten Monats.
- Geben Sie die Zahlungen in QuickBooks ein.
- Installieren Sie Autopay & Monthly Recurring.

Für Schecks:

- Ziehen Sie den Scheck vom Kunden ein (3 Monate + Set-up).
- Geben Sie die Zahlungen in QB ein.
- Überprüfen Sie, ob der Scheck eingelöst wurde.
- Geben Sie allen Papierkram in den Computer ein (z.B. Service-Rahmenvertrag).
- Daten Sie die Liste mit den Kunden up, die Managed Service-Verträge (MSAs) laufen haben.
- Erstellen Sie Gutschriften für gehosteten Spamfilter und andere Dienste, die jetzt im MSA inbegriffen sind.
- Löschen Sie alte Serviceverträge aus dem PSA-System.
- Erstellen Sie neue Service-Verträge im PSA-System.
- Erstellen Sie einen RMM-Executive-Summary-Report.
- Erstellen Sie Service-Tickets, um die Kunden im PSA- und RMM-Tool zu installieren.
- Set-up von Monitoring, Schedule-Patches, Fixes.
- Gegebenenfalls Set-up des gehosteten Spamfilters.
- Schulen Sie den Kunden im Umgang mit gehosteten Spamfiltern.
- Installieren Sie den RMM-Agenten auf dem PC des Kunden (Kreieren Sie ein Service-Ticket).
- Installieren Sie den RMM-Agenten auf dem Server (Kreieren Sie ein Service-Ticket).
- Fügen Sie den Server zum täglichen RMM-Monitoring hinzu.
- Fügen Sie den Server der RMM-Patch-Management-Gruppe hinzu.
- Installieren Sie Backup-Jobs zum E-Mail-Programm des KPE-Monitors.
- Daten Sie das tägliche Monitoring-Sheet up, um neue Bedürfnisse des Kunden zu erfassen.
- Unterrichten Sie den Kunden über: PSA Service-Portal.
- Unterrichten Sie den Kunden über: Service-Ticket-Prozess.
- Schicken Sie dem Kunden einen Einführungsbrief.

Diese Liste wurde für den allgemeinen Gebrauch entworfen. Fügen Sie Ihre speziellen Tools und Prozeduren hinzu.

Anmerkung: Eine aktuelle Kopie unserer Checkliste finden Sie im Downloadinhalt. Im Vorwort mehr Informationen.

Was ich Ihnen noch einmal ans Herz legen möchte

Sehen Sie jetzt, wieviel Sie zu tun haben, wenn Sie außergewöhnlichen Support liefern wollen? Und die Wartung Ihrer RMM-Tools, das Management von Portalen und Passwörtern, das Erstellen von Flyern und PowerPoints steht noch nicht einmal auf der Liste.

Sie sind kein unzuverlässiger, unglaubwürdiger Schleichhändler. Sie sind ein geschulter, professioneller Techniker, dessen Unternehmen hochwertigen technischen Support an Leute liefert, die gewillt sind, ihre IT-Abteilung auszulagern.

Also, nein, Sie haben keine Zeit sich mit Break/Fix-Müll auf einem sechs Jahre alten Server abzugeben. Das sind nicht Ihre Kunden.

Und ja, Sie werden eine Set-up-Gebühr erheben und sich gut damit fühlen.

Unterthema 2: Jäten Sie noch einmal Ihren Kundengarten

Wenn Sie sich von einem >guten< Kunden verabschieden, fühlen Sie sich stets ein bisschen beklommen.

Deshalb haben wir die Treffen auf diese spezifische Weise strukturiert. Nachdem Sie sich mit drei oder vier angenommenen Silber-Kunden getroffen haben, werden Sie zwei oder drei (oder vier) unterzeichnete Verträge in der Tasche haben. Ihr Recurring Revenue (wiederkehrende Umsätze) erhöht sich umgehend. Und Sie werden Geld auf der Bank haben. Die monatlichen Vorauszahlungen, die ersten Monatszahlungen und Set-up-Gebühren.

Jetzt erkennen Sie auch den Wert dieses Geschäftsmodells. Jetzt sehen Sie, dass Kunden, von denen Sie erwartet haben, dass Sie sich von ihnen trennen müssen, Platinum unterzeichnet haben! Wer weiß? Diese Kunden haben sich nicht nur mit Ihrem neuen Programm einverstanden erklärt: Sie haben Ihnen durch ihre Bereitschaft, sich finanziell zu verpflichten gezeigt, dass sie an Ihr neues Modell glauben.

Die Zukunft erscheint in einem helleren Licht – Ihretwegen.

Ich mache keine Scherze.

Dies ist die Art, wie technischer Support gekauft und verkauft und ausgeliefert werden sollte. Dies ist die Zukunft. Und Sie und Ihre Kunden werden Ihr gemeinsam entgegengehen.

Wenn Sie also von einem Kunden hören, er sehe keinen Wert in präventiver Wartung und er wolle lediglich Break/Fix, werden Sie nicht allzu verständnisvoll sein.

Nachdem Sie drei oder vier Service-Verträge abgeschlossen haben, werden Sie merken, dass Sie Kunden haben, die ihr Geschäft buchstäblich in Ihre Hände gelegt haben. Sie vertrauen Ihnen und verlassen sich auf Sie. Und wenn der Server zusammenbricht oder das E-Mail-Programm, werden Sie sich darum kümmern. Sie selbst haben einen höheren Grad an Haftung akzeptiert im Austausch gegen Geld.

Indessen ist Cousin Larry ebenfalls ins Tech-Support-Business eingestiegen und ruft Sie an, wenn er etwas so sehr vermasselt hat, dass er es nicht reparieren kann. Wenn Sie zwei oder drei Serviceverträge unter Dach und Fach haben, das werden Sie verstehen, können Sie Cousin Larry nicht mehr mit Ad-hoc-Support weiterhelfen, denn Sie haben Kunden, die auf die nächste Ebene aufgestiegen sind.

Sie können einen Vertragskunden nicht warten lassen, während Sie an einem vertrackten Server arbeiten, den Sie nicht warten, nicht managen, nicht monitoren und von dem Sie nicht wissen, was mit ihm geschehen ist.

Sie werden zu dem Glauben gelangen, dass Ihre Zukunft in den Kunden liegt, die Ihren Service zu schätzen wissen. Und das macht es Ihnen leichter, wenn Sie gezwungen sind, sich von Kunden zu verabschieden, die einfach nur Break/Fix wollen.

Falls Sie mir jetzt noch nicht glauben, warten Sie ab, bis Sie ein paar Verträge abgeschlossen haben. Dies ist wirklich Ihre Zukunft.

Jetzt können Sie also mit viel mehr Vertrauen in die Kundengespräche gehen. Wenn Ihnen jemand mitteilt, nicht unterzeichnen zu wollen, fühlen Sie sich weder gekränkt noch verärgert. Und Sie werden nie wieder in eine Armutsmentalität zurückfallen. Sie werden einfach ganz beiläufig antworten: >Kein Problem. Wir arbeiten mit der lokalen IT-Gruppe zusammen. Wir können Ihnen helfen, einen Kleinunternehmerspezialisten zu finden, der immer noch Break/Fix anbietet.<

Wenn Sie wirklich gewillt sind, aufzustehen und wegzugehen, müssen Sie nicht nachgeben.

Und wenn Sie zutiefst in Ihrem Herzen überzeugt sind, dass Sie nicht jeden Dollar benötigen, der am Wegesrand liegt, wird Ihr Geschäft auf die nächste Ebene aufsteigen.

Als Nächstes werden wir uns die wichtigsten Regeln ins Gedächtnis rufen, die Ihre Profitabilität garantieren. Dann werden wir uns den Tools zuwenden, die Sie benötigen, um Managed Service zu vertreiben.

Das sollten Sie sich merken:

1. Als ein hochqualifizierter Consultant besitzen Sie keine Kunden, die…?

    _____

    _____

2. Was bemerken Sie in Bezug auf Ihre Kunden, nachdem Sie ungefähr drei Verträge abgeschlossen haben?

    _____

    _____

3. Wie beeinflusst es Ihr Geschäft, wenn Sie erkennen, dass Sie nicht jeden Dollar brauchen?

_____

_____

Damit sollten Sie sich zusätzlich beschäftigen:

- SOP Friday Blogposts – www.SOPFriday.com
- karlp@smallbizthoughts.com
- Managed Services Yahoo-Gruppe –http://groups.yahoo. com/group/SMBManagedServices/
- Reddit-MSP-Diskussionsgruppe – www.reddit. com/r/msp

VIII.   Wie Sie Ihr neues MSP Geschäft betreiben

Wir sind beinahe fertig!

Ich hoffe, Sie haben jetzt ein oder zwei Verträge abgeschlossen. Sie sollten jetzt auf dem besten Wege sein, Ihre Kunden umzustellen. Bleiben Sie am Ball!

Falls Sie noch keinen Vertrag in der Tasche haben, folgen Sie dem Plan. Sie werden es schaffen.

Tun Sie es. Tun Sie es. Tun Sie es.

26.   Die richtigen Tools für den Job

Ich kann Sie jetzt doch nicht hängen lassen.

Wenn Sie fünf Palatinum-Kunden haben, drei Gold- und sieben Silber-Kunden, wie schaffen Sie all die Arbeit?

Beim Managed Service geht es nicht um Flat-Fee-Preise.

Beim Managed Service geht es nicht um >all you can eat<.

Managed Service ist keine Modeerscheinung, die im nächsten Jahr oder so verschwinden wird und Ihnen erlaubt, wieder zu Break/Fix und unorganisierter Arbeit zurückzukehren.

Managed Service bedeutet, Sie benutzen moderne Tools, um einen höherwertigen Support zu liefern, den ein un-professioneller, un-geschulter, nicht-verbundener Techno-Goober nicht leisten kann.

Managed Service bedeutet, erstklassige Tools zu benutzen, mit denen Sie Ihr Unternehmen fahren und einen höheren Level an Service zu bieten, als es Ihnen zuvor möglich war. Je automatisierter, je besser. Das bedeutet, die Tools zu nutzen, um mehr Geld mit weniger Arbeit zu verdienen.

Die Leute fragen mich: >Warum benutzen Sie ein RMM?< Also, wir verdienen damit Geld.

Warum benutzen Sie ein PSA? Was glauben Sie? Wir verdienen Geld mit dem PSA.

Das zugrundeliegende Modell ist folgendes:

1) Versorgen Sie die Kunden mit einem höheren Level an präventiver Wartung

   • und Monitoring

   • und Patch-Management

   • und einer schnellen Reaktion

2) Automatisieren Sie all dies bis zum Äußersten. Sodass die Kunden erst gar nicht erfahren, dass ein Problem bestand, oder es erst herausfinden, nachdem es bereits behoben wurde.

3) Erhöhen Sie Ihre Gewinnspanne, indem Sie Remote-Tools benutzen, Patching und Fixing automatisieren und die Allgemeinkosten reduzieren.

4) Und stellen Sie Ihr Finanzmodell auf Recurring Revenue um.

Erinnern Sie sich, zu Beginn habe ich Sie gebeten, einfache, aber aussagekräftige Kategorien für QuickBooks zu erstellen. Wenn Sie meinem Rat gefolgt sind, haben Sie damit begonnen, Ihre nach Stunden bezahlte Arbeit in einer Kategorie und Ihr wiederkehrendes Einkommen über den Managed Service in einer anderen zu speichern. Letzteres lag anfangs bei null. Dann haben Sie einen Vertrag abgeschlossen. Und noch einen. Und noch einen.

Der Anteil Ihres wiederkehrenden Einkommens (Recurring Revenue) an Ihren Gesamteinnahmen erhöhte sich von 0% auf 1%, 3%, 5%. Mit etwas Glück wird es bald bei 50% liegen.

Ist es nicht fantastisch, wenn 60% Ihres Arbeitseinkommens automatisch an jedem ersten eines Monats in Rechnung gestellt werden? Und ist es nicht noch fantastischer, wenn Sie davon ausgehen können, dass Sie am ersten Tag eines jeden Monats bezahlt werden. Wenn die Kunden mit Kreditkarte zahlen, haben Sie die Hälfte Ihres Cashs bereits am Dritten auf der Bank.

Das ist die Zukunft! So machen wir es!

Lassen Sie uns jetzt über die Tools reden

Ich habe bereits erwähnt, dass ich in diesem Buch auf Objektivität verzichte. Daher habe ich Ihnen die Tools genannt, die wir benutzen. Über die, die wir nicht benutzen, kann ich hier wahrlich nicht reden. In diesem Abschnitt werde ich Ihnen etwas über die Tools erzählen, die wir nutzen.

Als ich begann, die Tools zu kaufen, legte ich großen Wert darauf, die besten auf dem Markt zu bekommen. Damals spielte das eine größere Rolle als heute, insbesondere bezüglich der >Delivery<-Tools (RMM).

Hier die Tools, die Sie benötigen:
- Ein Buchhaltungs-Tool (QuickBooks)
- Ein Practice-Management oder Professional-Services-Administration (PSA) -Tool
- Ein Remote-Monitoring-and-Management (RMM) -Tool (um Monitoring, Patch-Management etc. zu liefern.)
- Ein zusätzliches Bonus-Tool

Lassen Sie uns nun jedes Einzelne näher betrachten.

Erstens: Das Buchhaltungs-Tool

Wahrscheinlich benutzen Sie bereits QuickBooks, Sage oder ein ähnliches Tool. Am einfachsten ist es, das zu nutzen, was Sie bereits haben.

Wenn Sie aber überhaupt kein Buchhaltungstool benutzen, müssen Sie sich eins anschaffen. Die meisten Menschen in den USA arbeiten mit QuickBooks. Im UK nutzen die meisten Leute Sage. Kaufen Sie etwas, mit dem Ihr Buchhalter glücklich ist.

Zweitens: Ein Practice-Management-Tool oder ein Professional-Services-Administration (PSA) -Tool

Ich hatte immer gedacht, die Wahl eines PSA-Tools sei eine beinahe unumkehrbare Sache. Aber dann entschied sich mein Unternehmen, das Tool zu wechseln. Wir mussten die Firma des neuen Tools zwar ein bisschen drängen, doch letztendlich schafften wir es, den Wechsel in weniger als einem Monat zu vollziehen.

Als wir uns ganz am Anfang nach Management-Tools umgesehen haben, war ConnectWise die einzig wahre Lösung. Das Produkt war ausgereift und multifunktional. Doch seit damals haben sich Autotask und andere ebenfalls zu äußerst multifunktionalen Tools entwickelt. Manche behaupten sogar, sie seien besser.

Nachdem ich für einige Marketingprogramme mit MaxFocus/LogicNow gearbeitet hatte, entschloss ich mich, deren Produkt zu kaufen. Als ich mein erstes Managed Service-Unternehmen verkaufte, bewegte Mike es komplett zu LogicNow (jetzt SolarWinds MSP). Als ich meine nächste Managed Services-Firma gründete, nutzte ich beides, PSA und RMM, von SolarWinds.

Außerdem gibt es einige Tools, die sich als eine >lite<-Kategorie von >Starter<-PSA betrachten. Sie sind speziell für Geschäftsneugründungen entwickelt, aber nicht für eine größere Firma. Ich glaube, dass bei der Entwicklung bereits berücksichtigt wurde, dass Sie zu einem umfangreicheren Tool wechseln, wenn Ihr Geschäft wächst.

Da ich aber keine Einzelheiten kenne, sage ich nichts weiter dazu.

Also, ich habe ConnectWise, Autotask und SolarWinds benutzt. Und sie haben mir alle gefallen. Wirklich.

Diese Tools sind alle relativ teuer. Lassen Sie uns über das Wort >teuer< reden.

Ich besitze ein Project-Management-Buch, das eine Menge Geld kostet. Oh und ein Network-Documentation-Buch, das eine Menge Geld kostet. Ich kaufe Robin Robins Zeug und es kostet mich ebenfalls eine Menge Geld.

Aber diese Sachen sparen Ihnen auch eine Menge Geld ein. Ein Projekt und das Buch hat sich amortisiert. Eine Kundendokumentation und das andere Buch hat sich amortisiert. Ein weiterer Kunde und Robins Programm hat sich amortisiert.

Eine neue PSA-Lizenz hat sich bereits im ersten Monat selbst bezahlt. Es hält Techniker auf dem Laufenden und produktiv. Es dokumentiert die Zeit, sodass wir sie nicht verschwenden. Es zeichnet den Arbeitsfortschritt auf, sodass wir dem Kunden genau sagen können, was wir getan haben.

Im 21. Jahrhundert brauchen Sie moderne Tools, um konkurrenzfähig zu sein. Ein gutes, professionelles Tool wird sich stets selbst bezahlen und Ihnen mehr Profit bringen.

Glauben Sie mir. Tun Sie es!

Drittens: Ein Delivery-Tool – Remote-Monitoring-and-Management (RMM)

Vor einiger Zeit war ich bekannt dafür, für Kaseya zu werben.

Um es noch einmal zu sagen: Als ich mich anfangs nach Tools umgesehen habe, wollte ich nur die besten. Ich erkundigte mich bei anderen Leuten, was sie nutzten. Die überwältigende Mehrheit nannte als Tool der Wahl Kaseya.

Am unteren Ende taten die Leute genau das Gleiche wie wir: Ein bisschen HFNetCheck, SBS Monitoring, ServersAlive, RDP. Es war exakt das >roll your own<-Modell, das ich in meinem Buch *Service Agreements for SMB Consultants* erwähne.

Wir beschäftigten uns zwar mit den verschiedensten Tools, hielten uns jedoch nicht lange damit auf. Wir blieben bei Kaseya und investierten in einen Server, um es zu fahren. Noch einmal, damals war Kaseya wirklich das einzige Tool von Bedeutung.

Der Rest der Branche brauchte Jahre, um diesen Vorsprung aufzuholen. Ich schätze, dass die meisten Patch-Management-,

Monitoring- und Remote-Control-Tools heute zu 95-100% die Leistung von Kaseya erbringen. Und viele können sogar etwas, das Kaseya nicht kann. Daher wurde uns mit der Zeit klar, dass wir, abhängig von den Bedürfnissen der Kunden, Kaseya nicht für alle oder unter allen Umständen anbieten mussten. Seitdem bin ich weitaus agnostischer betrefffend Service-Delivery-Tools geworden.

Im Jahr 2008 fügten wir Zenith Infotech RMM (heute Continuum) unserer Toolbox hinzu. Zusätzlich zu großartigem Monitoring und Reporting, bietet dieses Tool >Back-Office<-Support-Kapazität. Wir können die Firma bitten, Aufgaben für uns zu erledigen, und sie lösen das Problem. Wir können Server als Monitor only oder Monitor und Fix festlegen.

Zwei Jahre lang taten wir Folgendes:

Wir installierten sowohl Kaseya- als auch Continuum (Zenith)-Agenten auf unseren Servern. Kaseya installierten wir lediglich auf Desktops.

Und äquivalent zum PSA wechselten wir 2010 bis 2011 komplett zum LogicNow oder SolarWinds MSP RMM. Als ich mein zweites Managed Service-Unternehmen startete, benutzte ich SolarWinds MSP.

Falls Sie noch kein RMM-Tool haben, schaffen Sie sich eines an. Denken Sie daran, Sie können die Entscheidung leicht rückgängig machen. Aber ich habe einen wichtigen Sicherheitstipp für Sie: Betrachten Sie die Kosten für die ersten drei Jahre. Diese Kalkulation sollten Sie bei jeder geschäftlichen Entscheidung durchführen (Telefone, Angestellte, Gebäudewartung, Managed Service-Tool etc.).

Kaseya-Lizenzen werden gegen eine Flat-Fee verkauft. Sobald Sie den Kauf der Lizenzen abgeschlossen haben, gehören sie Ihnen. Sie müssen lediglich die Betreuung bezahlen. Berechnen Sie daher eine anfängliche Gebühr, monatliche Gebühren und die Wartung. Wie lautet die Endsumme für drei Jahre für 100 Lizenzen?

Vergleichen Sie auf diese Weise alle RMM-Tools, die Sie in die nähere Auswahl nehmen. 100 Lizenzen für 36 Monate. Vergleichen Sie die Endsummen miteinander.

Ich persönlich denke, Sie sollten nicht mehr als 250 Lizenzen gleichzeitig kaufen, außer Sie haben mehr als 250 Desktops, auf denen Sie das Tool installieren wollen. Kaufen Sie nur das, was Sie brauchen. Selbst auf dem Höhepunkt unseres geschäftlichen Wachstums haben wir nur 250 Kaseya-Lizenzen gleichzeitig erworben. Leicht hätte ich den Einzelpreis einer Lizenz senken können, wenn ich mehr gekauft hätte. Aber ich kaufte lediglich, was ich brauchte. Warum sollte ich drei Jahre lang für Lizenzen zahlen, die mir kein Geld einbringen?

Wie mir einer der Präsidenten einer der großen RMM-Unternehmen erklärte, geht es im Konkurrenzkampf immer weniger darum, was die Tools leisten, als um den Service, der jeweils mitgeliefert wird. Ich denke, das entspricht der Wahrheit. Die Tools selbst sind Massenware. Es kommt darauf an, einen Geschäftspartner zu finden, dessen Service zu Ihrem eigenen passt.

Viertens: Zusätzliche Bonus-Tools

Falls Sie für das Platinum-Angebot zusätzliche Dienste einplanen, sollten Sie diese sorgfältig auswählen. Denken Sie daran, Ihr Leben wird leichter, wenn Sie auf allen Kundencomputern die gleichen Produkte fahren und allen Kunden die gleichen Dienste anbieten.

Die zwei beliebtesten Add-ons sind Antivirus/Antispyware und Spamfilter. Wir haben zu Anfang Spamfilter angeboten, weil es uns selbst einiges erleichtert hat. Ein gehosteter Spamfilter nimmt eine Menge Arbeit vom Server des Kunden und spart eine Menge Bandbreite ein.

Außerdem müssen wir uns niemals damit herumschlagen, Server auf die White-Liste zu setzen und niemals bekommen wir ISPs, um umgekehrte DNS Einträge einzugeben. Plus: Gehostete Spamfilter speichern die E-Mail, falls der Exchange-Server des Kunden wegen eines Internetausfalls oder anderer Probleme offline geht.

Der Gehostete Spamfilter speichert die E-Mail in der Cloud und niemand bekommt Probleme. Auch der Umzug zu einem neuen ISP oder einem neuen Gebäude wird weitaus einfacher. So viel einfacher, dass wir es uns leisten können, diese Leistung mit ins Platinum-Angebot zu packen! (Wenn Sie auf einen anderen Server wechseln, weisen Sie den gehosteten Spamfilter an, die E-Mail auf den neuen Server zu liefern und schon läuft alles. Sie müssen keine MX-Records oder DNS-Entries ändern.)

Gehostete Spamfilter stellen für uns außerdem ein wichtiges Verkaufsargument dar. Wir verkaufen ihn für $4 pro Mailbox pro Monat. Wenn also ein Kunde zehn Mailboxen hat, zahlt er $40/Monat. >Wenn Sie heute aber meinen Platinum-Vertrag unterzeichnen, fallen diese $40 weg!< Bei zehn Usern beträgt der Unterschied zwischen Gold und Platinum $150/Monat. Nehmen Sie die $40 da raus und Sie sind bei dem Betrag für eine Stunde Arbeit pro Monat angelangt.

Mit der Zeit begannen wir, auch einen Antivirus/Antispyware-Service anzubieten. So gut wie alle RMM-Händler bündeln jetzt ein beliebtes Antivirus-Produkt zu einem niedrigen Preis. Das macht es gewiss erschwinglich.

Ob Sie nun an Autos schrauben, im Garten arbeiten oder Managed Service vertreiben, alles hängt von den richtigen Werkzeugen ab. Ich habe Ihnen meine bevorzugten Tools vorgestellt. Doch was für mich richtig ist, muss nicht unbedingt für Sie richtig sein.

Aber, noch einmal: Verzetteln Sie sich nicht, weil Sie nach den richtigen Tools suchen. Gehen Sie vor die Tür und schließen Sie einen Vertrag ab! Dann sind Sie unweigerlich dazu gezwungen, Ihren Hintern zu bewegen und sich für das eine oder andere Tool zu entscheiden.

Sobald Sie über die richtigen Tools verfügen, sind Sie bereit, als Managed Service Provider zu arbeiten!

Das sollten Sie sich merken:
1. Wo liegt die Verbindung zwischen Managed Service und der Wahl der richtigen Tools?

2. Was sind die drei wichtigsten Toolarten, die Sie benötigen?

   _____

3. Was sind die populärsten Add-on-Tools, für die Sie sich wahrscheinlich entscheiden?

   _____

Damit sollten Sie sich zusätzlich beschäftigen:

- Autotask – www.autotask.com
- ConnectWise – www.connectwise.com
- Continuum – www.continuum.com
- HFNetCheck – www.shavlik.com
- Kaseya – www.kaseya.com
- Quickbooks – www.quickbooks.com
- Robin Robins – www.TechnologyMarketingToolkit.com
- ServersAlive – www.woodstone.nu/salive
- *Service Agreements for SMB Consultants* von Karl W. Palachuk
- SolarWinds MSP – www.solarwindsmsp.com

27. Abschließende Überlegungen: Managed Service Provider in 1 Monat

So, jetzt wissen Sie alles. Mein >Brain Dump< zum Managed Service. Gewiss, es gäbe noch viel mehr zu sagen. Und meine Ausführungen sind bestimmt nicht perfekt. Doch sie sollten genügen, Ihnen den Start in Ihr Leben als Managed Service Provider zu ermöglichen.

Bitte vergessen Sie nicht die beiden Schlüsselbotschaften:

i. Bewegen Sie Ihren Hintern.

ii. Managed Service ist keine Modeerscheinung und kein Hobby. Es ist die Zukunft.

Vor fünfzehn Jahren verkörperte >remote Support< für jedermann, außer den größten Unternehmen, Telefon-Support. Auf dem mittelständischen Markt hörte man kaum davon und im Kleinunternehmerbereich war es gänzlich unbekannt. Heutzutage vertreibt Cousin Larry, der Trunk Slammer, Remote-Support ohne große Schwierigkeiten.

Patch-Management jeglicher Art erforderte damals einen intensiven, nervenaufreibenden Arbeitseinsatz. Jetzt gibt es überall miteinander konkurrierende Tools, die man von kostenlos bis zu absurd teuer erhält.

Mit dem Wandel der Technologie verändert sich ebenfalls der Geschäftsablauf und das Servicegeschäft.

Unglücklicherweise wird es in unserer Branche stets von Teilzeitengagierten und Amateuren nur so wimmeln. Ich glaube jedoch, dass die Zukunft des SMB-Markts so aussieht, dass wir zwischen Kunden, die eine gewisse Ausfallzeit tolerieren, und solchen, die das nicht können, unterscheiden werden. Letztere werden mit der Zeit alle zu dem übergehen, was wir Managed Service nennen.

Je nachdem, wie lange Sie bereits in dieser Branche arbeiten, werden Sie sich vielleicht an die Zeit erinnern, als Kunden noch darüber diskutierten, ob sie Antivirus-Software benötigten. Vor nicht allzu vielen Jahren nahmen wir sie in unser Angebot auf und die Kunden fragten, ob das wirklich notwendig sei. Heutzutage gehört Antivirus selbstverständlich dazu, wenn man einen Computer ans Internet anschließt.

Zitat aus der ersten Auflage dieses Buches:

>Managed Service, inklusive Remote-Monitoring, Patch-Management und Remote-Support, wird in fünf Jahren ebenso allgegenwärtig wie Antivirus sein.<

Und wissen Sie was? Fünf Jahre später war Managed Service ganz klar *der* Weg, um Tech-Support zu vertreiben. Und heute, nach weiteren fünf Jahren ist er stärker als jemals zuvor.

Welche Geschäftsbranche nutzt heutzutage kein Antivirus-Programm? Solche, die nicht zu Ihren Kunden zählen! Welche Art von Firma würde keinen Managed Service Provider in Anspruch nehmen? Dieselbe Antwort.

Die Zukunft naht. Jeden Tag wird sie ein bisschen klarer.

Eines Tages werden Sie auf jedem Desktop Office 2010 haben. Eines Tages werden Sie auf jedem Desktop Windows 12 haben. Und eines Tages werden Sie auf jedem Desktop einen 128 Bit Prozessor haben.

Eines Tages werden Sie auf jedem Desktop einen Managed Service-Client haben. Und wenn Sie Office 2010 und Windows 12 nutzen, werden Sie >Managed Service< vertreiben. Ob Sie es nun so nennen oder nicht.

Es könnte keinen besseren Zeitpunkt geben, in dieses Geschäft einzusteigen. Die Wahrheit ist, Sie sind bereits im Geschäft, ob Sie das nun so formuliert haben oder nicht.

Wählen Sie Ihre Tools aus. Fertigen Sie einen Vertrag an. Jäten Sie Ihren Kundengarten. Und dann schließen Sie Verträge ab!

Und jetzt setzen Sie sich in Bewegung!

Viele Leute haben mir E-Mails geschickt, die von ihrem Erfolg berichten. Ich bin mir sicher, dass viele andere ebenfalls erfolgreich waren, aber kein Wort gesagt haben.

Ich hoffe, Sie bleiben dran. Es gibt ein paar schwierige Abschnitte auf Ihrem Weg, doch wenn Sie am anderen Ende mit einer Menge wiederkehrenden Einnahmen ankommen, wird sich die Mühe gelohnt haben.

Viel Glück!

Und vergessen Sie nicht, mir eine E-Mail mit Ihrer Erfolgsgeschichte zu schicken!

>E-Mail-Posteingang<

Wie man mit Vorauszahlungen umgeht

Alexander aus Miami schreibt …

>Sie haben erwähnt, dass die Kunden entweder im Voraus für den ersten Monat mit Kreditkarte oder für drei Monate im Voraus mit Scheck zahlen. Wenn die Zahlung per Scheck erfolgt, bedeutet das, dass vierteljährlich gezahlt wird? Wenn das so ist, wie lang vor dem Fälligkeitsdatum würden Sie die Rechnung für das nächste Vierteljahr rausschicken. Und sollte die Kündigungsklausel dann eine Frist von drei Monaten festsetzen? Ich sehe Ihrer Antwort entgegen und werde mich in der Zwischenzeit eingehend mit Ihren verschiedensten Websites und Blogs beschäftigen.

Das oberste Ziel liegt darin, für den Pauschalgebühren-Anteil des Service im Voraus bezahlt zu werden.

Wir halten uns nicht an Kalendervierteljahre. Die drei Monate können jederzeit beginnen (am Ersten des Monats). Wenn Sie also heute einen Vertrag abschließen, zahlen Sie für den nächsten und die beiden folgenden Monate. Eine solche Vorgehensweise ist außerordentlich gut, denn so staffeln wir den Geldeingang. Über einen längeren Zeitraum nehmen wir so stets zufällig verteilt Geld ein. Solange Sie den Überblick behalten ist die Methode hervorragend.

Die Rechnungen verschicken wir 10-14 Tage vor dem Ersten des Monats, sodass jeder Kunde sie früh genug erhält. Abgesehen davon ist im Servicevertrag klipp und klar vermerkt, dass der Betrag fällig und zahlbar ist, ob Sie nun eine Rechnung erhalten oder nicht. Genau wie bei der Miete.

Für die Kunden, die alle drei Monate bezahlen, stellen wir drei Rechnungen aus (für den nächsten und die beiden folgenden Monate). Wir haben darauf verzichtet, die Kündigungsklausel anzupassen, weil wir das Geld nicht anrühren, bevor der jeweilige Monat anbricht. Bei periodengerechter Rechnungsführung ist dieses Geld nicht zu versteuern, bevor es *fakturiert* ist. Also bewahren wir in der Zwischenzeit das Geld lediglich auf.

Sie müssen daher dafür sorgen, dass Sie es nicht ausgeben, bevor der entsprechende Monat angebrochen ist. Denn falls jemand kündigt, müssen wir die vorausgezahlten monatlichen Gebühren zurückzahlen. Gewiss verrechnen wir diese Beträge mit >in Rechnung< gestellten Summen für andere Dienste, solange der jeweilige Kunde nicht vollkommen aus unserer Buchhaltung herausfällt.

Einige Kunden werden einen Discount für Vorauszahlungen erbeten. Wir geben für die standardmäßige dreimonatige Vorauszahlung keinen Discount, weil dies nichts Ungewöhnliches oder Besonderes ist. Es ist unser Geschäftsverhalten und bereits im Preis kalkuliert.

Falls jemand für das ganze Jahr im Voraus zahlte, haben wir ihm gewöhnlich einen Monat geschenkt. Doch diese Vorgehensweise brachte mehr Unannehmlichkeiten, als sie wert war.

Daher verzichten wir auch auf diesen Discount.

Generell haben wir einen gewissen Spielraum bei den Setup-Gebühren, doch ansonsten kaum.

Das sollten Sie sich merken:
1. Die beiden Schlüsselbotschaften dieses Kapitels sind:

    a. _____

    b. _____

2. Warum ist jetzt immer noch ein guter Zeitpunkt, um ins Managed Service-Geschäft einzusteigen?

    _____

3. Wenn Kunden drei Monate im Voraus zahlen, warum liegt ein Vorteil darin, diese Zeitspanne in jedem beliebigen Monat beginnen zu lassen, anstatt auf Kalendervierteljahre zu achten?

    _____

Damit sollten Sie sich zusätzlich beschäftigen:

Einige großartige Websites und Newsletters für Managed Service:

- Channel MSP – www.channelmsp.com
- SPC International (vormals Managed Service Provider University) – www. spc-intl.com
- MSPMentor – www.MSPMentor.net
- SMB Nation – www.SMBNation.com (Website, Newsletter und Events)

28.   Schlüsselfaktoren für Ihren Erfolg

In Kapitel 9 haben wir einige generelle Punkte erörtert, die Sie beachten müssen, wenn Ihr Geschäft zu laufen beginnt. Wir haben außerdem eine ganze Liste an Ratschlägen durchgearbeitet. Dieses Kapitel liefert Ihnen nun eine Art Finetuning, was Ihren Erfolg im Managed Service-Geschäft anbelangt.

Eines meiner Lieblingsprojekte ist die >SOP Friday<-Serie in meinem Blog. Siehe www.SOPFriday.com. Dort versuche ich, jede nur erdenkliche Facette dieses Geschäftes zu beleuchten, immer unter dem Gesichtspunkt, wie Sie Ihr Geschäft standardisieren und Ihre Chancen auf einen auf Dauer angelegten Erfolg verbessern können.

Dabei ist mir aufgefallen, dass es gewiss 700 Punkte gibt, die Sie verbessern können. Doch Sie können sich lediglich auf ein paar wichtige Faktoren konzentrieren. Daher geht dieses Kapitel kurz auf einige der wichtigsten Faktoren ein, die Sie stets im Gedächtnis behalten sollten.

Sie sind nicht einzigartig

Okay, wir alle sind einzigartig wie Schneeflocken. Wie auch immer.

Doch in unserem Geschäft können Sie sich nicht so einfach von dem Gesetz des Universums freisprechen und mir erzählen, dass Ihr Unternehmen sich so von jedem anderen unterscheidet, dass die allgemeingültige Weisheit der Welt auf Sie nicht angewendet werden kann.

Mit anderen Worten, gehen Sie davon aus, dass Sie von erfolgreichen Leuten Ratschläge annehmen sollten. Lassen Sie sich nicht verleiten, auf Ratschläge als erstes mit >das trifft auf mich nicht zu< zu antworten. Wenn ich Leute sagen höre…

- ✓ Das trifft auf mein Geschäft (meine Stadt, meine Branche) nicht zu.
- ✓ Das würden meine Kunden niemals tun.
- ✓ Wenn ich das tue, werde ich versagen.
- ✓ Ich kann keine Zinsen verlangen.
- ✓ Ich kann keine ausstehenden Gebühren einziehen.
- ✓ Ich kann nicht so viel pro Stunde berechnen.
- ✓ Was für all diese Leute funktionieren mag, bei mir geht das nicht.
- ✓ Meine Kunden werden keine Vorauszahlungen leisten.
- ✓ Ich kann es mir nicht leisten, Kreditkarten anzunehmen.

… dann weiß ich, dass die Leute sich selbst zum Narren halten. Ich weiß nicht, warum sie keinen guten Rat annehmen wollen. Ab einem gewissen Punkt müssen Sie anerkennen, dass es einige Ratschläge gibt, die so allgemeingültig sind, **dass Sie wirklich darauf hören sollten.**

Es ist so gut wie unmöglich, dass Ihr Geschäft sich so sehr von allen anderen auf dieser Erde unterscheidet, dass die Ratschläge tausender erfolgreicher Leute auf Sie nicht anwendbar sind. Seien Sie ein bisschen bescheidener und akzeptieren Sie, dass Millionen erfolgreicher Menschen vielleicht einfach Recht haben!

Sie müssen Service-Rahmenverträge abschließen

Nennen Sie es Verträge oder Briefe oder Verpflichtungserklärungen oder wie auch immer. Denken Sie an Ihr eigenes Haus. Sie haben Verträge für das Fernsehen, für Ihr Haus/Ihre Wohnung, Ihr Netflix, Ihr Auto, Ihren Internetdienst etc. abgeschlossen. Auch Ihre Kunden haben Verträge für all dies abgeschlossen und außerdem für ihren Gehaltsabrechnungsdienst, ihre Telefone, ihren Hausmeister und vieles mehr.

Jeder unterschreibt jeden Tag irgendwelche Verträge. Ich bin in diesem Geschäft gelandet, indem ich Verträge eingegangen bin. Ich habe nie verstanden, warum sich viele so dagegen sperren. Immer wieder erzählen mir Consultants, dass sie sich schlecht dabei fühlen, Verträge abzuschließen, oder ihre Kunden würden ihnen nicht vertrauen oder ihr Kunde würde einfach keinen Vertrag unterzeichnen wollen.

Das ist Schwachsinn.

In unserer Gesellschaft unterzeichnet jeder ständig irgendwelche Verträge und Vereinbarungen. Überwinden Sie die geistige Blockade. Service-Verträge sind für Ihren Erfolg unabdingbar.

Ohne Service-Verträge ist Ihr zu erwartendes Einkommen am ersten Tag eines jeden Monats gleich **null**. Das bedeutet, Sie müssen jeden Monat alles zusammenkratzen, um Ihre Rechnungen zahlen zu können.

Die Service-Verträge garantieren Ihnen jeden Monat ein Minimum an Einkommen. Sie müssen zwar immer noch hart arbeiten, um zu liefern, was Sie versprochen haben, aber Sie wissen, Sie können Ihre Familie ernähren, solange Sie tun, was Sie vereinbart haben.

Es gibt Unmengen guter Gründe, Serviceverträge abzuschließen – rechtliche, finanzielle und praktische. Tun Sie es einfach!

Definieren Sie genau, was Managed Service bedeutet

Erinnern Sie sich an die Überlegungen in Kapitel 5. Sie müssen nicht unbedingt unsere Definition benutzen, aber Sie benötigen eine einfache, klare Definition, die Sie Ihren Kunden und Angestellten erklären können, sodass keine Verwirrung bezüglich dessen aufkommt, was vom Vertrag gedeckt wird und was nicht.

Fassen wir unsere Definition zusammen, die beschreibt, was abgedeckt ist:

>Wir definieren Managed Service als die Wartung von Operationssystem und Software. Adds, Moves oder Wechsel sind nicht inbegriffen.<

Immer und immer wieder werden Sie auf diese Definition zurückkommen müssen. Sie könnten sogar tatsächlich ein Poster entwerfen und es an Ihre Wand hängen. Auf diese Art kann es jeder als Richtschnur benutzen, wenn Service-Tickets erstellt werden, wenn Sie mit Kunden reden müssen, wenn Sie entscheiden müssen, was getan werden muss und so weiter.

Sie sollten für alles im Voraus bezahlt werden (Also gut, so weit wie möglich)

Mir gefällt diese Politik aus zwei Gründen. Erstens, Sie bekommen all Ihr Geld zu Beginn des Monats, sodass all Ihre Fixkosten für den Monat gedeckt sind. Dies ist das wahre Versprechen des Managed Service.

Wenn Sie beginnen, Verträge abzuschließen, wird Ihr monatliches wiederkehrendes Einkommen bei null beginnen. Wenn jeder Kunde irgendetwas zwischen $1000 und $2500 pro Monat zahlt, erleben Sie, wie Ihr monatlich wiederkehrendes Einkommen sehr schnell steigt, auf

$1,000 (also jährlich $12,000)

$2,000 (also jährlich $24,000)

$3,500 (also jährlich $42,000)

$5,500 (also jährlich $66,000)

$8,000 (also jährlich $96,000)

Wenn jetzt all dies am Ersten eines Monats abgerechnet wird und bei Kreditkartenzahlung innerhalb von drei Werktagen auf Ihrem Konto eingeht, ist bereits der Großteil Ihrer monatlichen Fixkosten gedeckt.

Zweitens, wenn jede Leistung im Voraus bezahlt wird, geraten Sie niemals in die Position, dass Sie Schulden bei jemandem einfordern müssen. Das ist nämlich das Schlimmste am Geschäft.

Einige Leute überschulden sich gern. Und wenn diese Leute Ihnen eine Menge Geld schulden, sind die Chancen, 100% der Summe zu erhalten, sehr gering. Wenn Schulden zu alt werden, werden Sie aus irgendeinem Grund zu einer reinen Zahl und am Schluss begnügen Sie sich mit weniger. Also kaufen diese Leute Ihre Dienste eigentlich zu einem Discountpreis.

Ironischerweise geben Sie damit Ihren schlechtesten Klienten einen Discount. Beachten Sie, ich benutze bewusst nicht die Bezeichnung >Kunden<.

Auch wenn Sie für Hard- und Software nicht im Voraus bezahlt werden, kann schnell ein Problem entstehen. Manchmal ändern Kunden ihre Meinung und wollen plötzlich etwas anderes oder die Bestellung vollkommen widerrufen. Wenn Sie aber im Voraus zu 100% für Hardware und Software bezahlt wurden, werden solche Wechsel unwahrscheinlicher – und Sie sparen sich eine Menge Ärger mit dem Umtausch.

Schlechter Cashflow kann Ihr Geschäft killen. Guter Cashflow kann Sie an die Spitze der Welt befördern. Im Voraus bezahlt zu werden ist das Beste, das Sie für einen guten Cashflow tun können.

Alles, was Sie verkaufen, sollte Ihnen Gewinn einbringen

Ich kenne Ihre Reaktion bereits: Duh!

Aber Sie würden erstaunt sein, wenn Sie wüssten, wie viele Leute sich selbst in eine Position manövrieren, in der sie sehr wenig verdienen – oder manchmal sogar Geld verlieren – an Produkten und Diensten. Sie werden Ihren eigenen Weg finden müssen, aber ich möchte Ihnen noch ein paar Gedanken mitgeben, die Ihnen einen guten Start ermöglichen sollen.

1.   Wir verdienen an jeglicher Hard- und Software stets mindestens 20%. Manchmal sind wir deshalb teurer als die Läden oder die Händler im Internet. Das ist mir vollkommen egal. Wenn wir auch nur 1% teurer sind, werden unsere Preise sowieso in Frage gestellt, weil andere billiger sind.

Sie verkaufen aber nicht einfach nur >irgendetwas< an Ihre Kunden. Sie haben sich damit beschäftigt und verkaufen das *Richtige*. Wenn die Kunden selbständig einkaufen, entscheiden sie sich höchstwahrscheinlich für irgendwelchen Nicht-Business-Class-Schrott, was zur Folge hat, dass Sie beide ein schlechtes Geschäft machen.

Alternativ können Sie dem Kunden eine Stunde Arbeit in Rechnung stellen und ihm helfen, das Richtige zu kaufen. Auf diese Weise ist der Kunde glücklich und Sie machen trotzdem etwas Geld.

Die Leute fürchten sich vor einer solchen Geschäftspolitik, dabei ist sie grundsolide. Ich verspreche Ihnen, dass Ihnen eine solche Vorgehensweise nicht im Geringsten schadet. Wenn Sie mit Hardware und Software kein Geld verdienen, dann stoppen Sie sofort den Verkauf!

2.   Kalkulieren Sie die COGS – Cost of Goods Sold. Dies ist besonders hinsichtlich Arbeitsleistung, einschließlich der Managed Service-Verträge, wichtig. Noch einmal: Sie sollten einen guten Gewinn erwirtschaften. Wir avisieren um die 40% Gewinn auf Arbeitsleistung/Service an.

Sagen wir, Sie haben einen Kunden, der 45 Meilen entfernt wohnt. Ihrem Techniker zahlen Sie $25/Stunde (einschließlich Steuern,

Vorsorgeleistungen). Er fährt dorthin und zurück. Das sind zwei Stunden. Vor Ort arbeitet er eine Stunde. Die von der Regierung (Beispiel US) festgelegte Kilometergeldpauschale beträgt 55 Cents pro Meile, das heißt, Sie müssen dem Angestellten $45,50 für Kraftstoff erstatten.

Diese eine Stunde Arbeit kostet Sie also insgesamt $124,50. Daher sollten Sie besser mindestens $150/Stunde verlangen, damit es sich lohnt. Selbst wenn Sie $60 für Anfahrtskosten in Rechnung stellen, bleiben Ihnen Unkosten in Höhe von $84,50.

Das Gleiche gilt für Managed Service-Verträge: Benutzen Sie Ihr PSA und QuickBooks, um herauszufinden, was es Sie kostet, einen Kunden zu betreuen. Gemeint sind also die Kosten für RMM-Tools, Kilometer, Arbeitsstunden etc. Alles, was Ihnen dazu einfällt. Bei einigen Kunden machen Sie beinahe reinen Profit. Andere wiederum bringen so wenig ein, dass es der Mühe nicht wert ist.

Beispiel: Wir hatten einen großen Kunden, der eine wirkliche Nervensäge war. Sehr stressig im Umgang. Er brachte uns ungefähr $75.000 pro Jahr für Arbeitsstunden und weitere $75.000 für Hardware und Software ein. Wenn wir einen Gewinn von 40% auf Arbeitsleistung und 20% auf Hard- und Software ansetzen, hätte er uns einen Profit von $45.000 einbringen müssen.

Stattdessen nahm er eine Unmenge an Arbeitsstunden in Anspruch. Und zusätzlich zu dem sehr stressigen Umgang mit ihm, brachte er uns nur ungefähr $26.000 an Gewinn ein. Das sind nicht einmal 60% von dem erwarteten Gewinn!

Wir hätten mit einem HALB so großen Kunden den gleichen Gewinn machen können! Denken Sie daran: Es geht hier nicht um den Gesamtumsatz, den der Kunde verursacht, sondern um den Gewinn.

Wir feuerten diesen Kunden, suchten uns ein paar weniger stressige und machten mehr Geld. Ja, Sie müssen sich an Ihre Grundsätze halten, wenn Sie so etwas durchziehen wollen. Aber es funktioniert!

Vermeiden Sie unter allen Umständen Unklarheiten bezüglich des Deckungsumfangs

Der wichtigste Geld-einsparende Satz in unserem Geschäft lautet: >Das liegt außerhalb des Umfangs des laufenden Projekts.< Die meisten Consultants lernen niemals, diesen Satz auszusprechen. Ich weiß nicht, ob sie schüchtern sind oder einfach dem Kunden die Initiative überlassen.

Das Problem besteht darin, dass Sie *basierend auf dem Wissen der anfallenden Arbeit* einen Job eingeschätzt haben. Doch sobald Sie erst einmal bei dem Kunden aufgetaucht sind, fügt er einen kleineren Job hier und einen größeren Job dort hinzu.

An einem gewissen Punkt in meiner Karriere bin ich diesem Sachverhalt zum Opfer gefallen. Ich erschien bei einem Kunden, um einen einfachen Job zu erledigen. Doch der Kunde hatte seinen Heimcomputer mitgebracht. Er hatte ihn total in Unordnung gebracht, eine Festplatte hinzugefügt, Kabel verwirrt etc. Ich brauchte einige Stunden, um die Probleme zu lösen.

War der Kunde zufrieden? Nein, natürlich nicht.

>Sie haben drei Stunden für das Set-up unseres E-Mail-Programms veranschlagt, aber Sie haben fünf gebraucht. Dafür werde ich nicht zahlen!<

Wir argumentierten. Wir einigten uns. Und er war der erste Kunde, den ich feuerte. Ich glaube, im Kündigungsschreiben stand etwas wie >Sie sollten einen Consultant finden, dessen Verständnis von Technologie mehr Ihrem eigenen entspricht.<

Was so viel bedeutet wie >Sie sind geizig und ich bestehe darauf, für meine Arbeit bezahlt zu werden.<

Bitte üben Sie die folgenden Sätze immer und immer wieder im Laufe des Tages:

1) >Das fällt in den Rahmen des Projekts.<

2) >Das gehört nicht zum Umfang des Projekts.<

Es ist wirklich wahr: Noch niemals hat ein Kunde widersprochen, wenn ich gesagt habe: >Das gehört nicht zu dem laufenden Projekt.< Ich würde niemals sagen, dass ich den Job nicht machen wolle. Wir erstellen einfach ein NEUES Service-Ticket für das neue Projekt. Auf diese Weise können Sie die am ursprünglichen Projekt gearbeitete Zeit korrekt nachvollziehen und alle zusätzliche Arbeit auf das zusätzliche Service-Ticket buchen.

Was ich gerade geschildert habe ist ein KNACKPUNKT in der Zusammenarbeit mit vielen Unternehmen. Ein PSA-System wird Ihnen ungeheuer hilfreich sein. Sie müssen den Umgang damit jedoch erlernen und es auch wirklich benutzen.

Einer der wichtigsten Schlüssel zum Erfolg liegt darin, dass **ALLE** Leistungen über ein Service-Ticket laufen. Also, ungeachtet dessen, womit Ihr Kunde ankommt, Sie erstellen stets ein Service-Ticket. Der ursprüngliche Job wird über das ursprüngliche Service-Ticket abgerechnet. Die hinzugekommene Leistung wird über ein neues Service-Ticket abgerechnet.

Wenn alle Leistungen über ein Service-Ticket laufen, muss jedes Mal, wenn neue Arbeit hinzukommt, ein neues Service-Ticket erstellt werden. So fällt die hinzugekommene Leistung aus dem laufenden Job und wird separat abgehandelt. So kann sie in Rechnung gestellt werden und Sie vermeiden Diskussionen um den Umfang des Projekts.

(Selbst, wenn die zusätzliche Leistung nicht als Managed Service abgerechnet werden kann, wird sie gesondert behandelt und beide Jobs werden separat verbucht und gemanagt.)

Jetzt haben Sie es verstanden.

Lassen Sie sich nicht von Ablenkungen fremdbestimmen

In jeder einzelnen Stunde gibt es 60 verschiedene Möglichkeiten, bei Ihrer Arbeit unterbrochen zu werden. Bei acht Stunden pro Tag sind das mindestens 480 Optionen. Wenn Sie sich von Telefon, E-Mail, Schulterklopfen, Tweets, LinkedIn, Facebook, Instant Messaging und 1000 anderen Sachen ablenken lassen, haben Sie keine Chance.

Außer Sie machen es sich zur Angewohnheit, sich NICHT unterbrechen zu lassen.

Sie müssen nicht ans Telefon gehen, nur weil es klingelt. Sie müssen auch nicht dauernd Ihre Emails checken. Es ist entscheidend wichtig, dass Sie sich auf den laufenden Job konzentrieren.

Überlegen Sie mal, was gerade gemeldet wurde. Ist diese IM wichtiger als der Job, den Sie gerade erledigen? Wahrscheinlich nicht. Mit Sicherheit mit 99,9%iger Wahrscheinlichkeit nicht.

Ich liebe Technologie. Aber Sie müssen ihr wirklich den richtigen Platz zuweisen.

Jede Minute des Tages stehen Sie erneut vor der Entscheidung, ob Sie sich auf Ihre gegenwärtige Tätigkeit KONZENTRIEREN wollen, oder ob Sie sich unterbrechen lassen wollen. So einfach ist das.

Doch für die meisten von uns scheint es schwierig zu sein.

Der wichtigste Moment für Ihren Erfolg ist der gegenwärtige Augenblick. In jedem Moment des Tages stehen Sie vor der Wahl, entweder bei der Sache zu bleiben oder sich dem zu widmen, was auch immer Sie ablenkt. >Was auch immer< ist keine Lösung. Man braucht Richtlinien und Grundsätze, um zu vermeiden, sich ablenken zu lassen. Daran müssen Sie arbeiten.

Versuchen Sie einmal Folgendes:

- Deaktivieren Sie Outlook-Pop-up (Anzeige von neuen Nachrichten)

- Checken Sie Ihre E-Mails lediglich einmal pro Stunde. Ja. Wirklich.

- Gehen Sie nicht ans Telefon, außer Sie erwarten den Anruf oder er steht in Bezug zu Ihrer gegenwärtigen Tätigkeit.

- Falls möglich, gehen Sie aus dem Telefonnetz.

- Vermerken Sie alles, was Sie tun müssen, in Ihrem PSA-System. Benutzen Sie es.

- Beenden Sie jeden Job im höchst möglichen Maße, bevor Sie sich dem nächsten zuwenden.

- Ordnen Sie Ihre Aufgaben nach Priorität. Erledigen Sie NICHT etwas nur deshalb als >nächstes<, weil die Notiz als nächste auf dem Stapel liegt.

Kontrollieren Sie Rechnungsstellung und Cashflow

Verschicken Sie Ihre Rechnungen zu festgelegten Zeitpunkten. Schenken Sie der finanziellen Seite Ihres Geschäftes regelmäßig Aufmerksamkeit. Zumindest einmal pro Woche sollten Sie nachsehen, wie sich Gehaltsabrechnungen, Ausgaben, Einnahmen, Rechnungsstellung und Cashflow gestalten.

Sie müssen nicht gleich so werden wie Silas Marner und Sie müssen auch nicht jeden Tag Ihre Goldmünzen zählen. Aber Sie MÜSSEN sich um die finanzielle Seite Ihres Geschäfts kümmern.

Buchhaltung ist nicht >schwierig<, nur anders. Sie können keinesfalls erfolgreich sein, wenn Sie Geld keine Beachtung schenken. Immer und immer wieder habe ich mir anhören müssen, wie erfolgreich Leute ihr Geschäft zugrunde gerichtet haben, weil sie der finanziellen Seite keine Aufmerksamkeit gewidmet haben.

Ich persönlich musste mich vor ein paar Jahren von einem Subunternehmer trennen, weil dieser mir nie eine Rechnung geschickt hat. Er leistete hervorragende Arbeit. Sehr talentiert. Aber er schickte niemals eine Rechnung! Ich schätzte seinen Arbeitslohn und schickte dem Kunden die Rechnung. Aber dieser Kerl wurde niemals bezahlt, weil er mir niemals sagte, was ich ihm schuldete, selbst nach mehrmaliger Aufforderung nicht.

Sehen wir den Tatsachen ins Gesicht: Die finanzielle Seite des Geschäftes wird Ihnen vielleicht nicht gefallen. Und Sie mögen

nicht sehr gut darin sein. Aber Sie müssen sich darum kümmern. Ihr Erfolg hängt davon ab, ob Sie Ihre Buchhaltung gut oder
schlecht führen.

Vermeiden Sie >All you can eat<

Ich verspreche Ihnen, wenn Sie eine >AYCE<-Geschäftspolitik
betreiben, wird jemand Sie ausnutzen. Okay, das ist vielleicht ein
bisschen hart ausgedrückt. Man wird Sie vielleicht nicht bewusst
übervorteilen, aber man wird seinen Nutzen aus Ihrer Geschäftspolitik ziehen.

Bedenken Sie: Wir müssen eine Menge Dinge bewegen. KPEnterprises hat einen >all you can eat<-Tarif für Computer. Rufen Sie
also die Firma an und bitten Sie sie, alle Computer einzurichten.
Weil wir schon einmal dabei sind, wollen wir jedes Gerät auf 2 GB
RAM aufstocken. Da es um 25 Computer geht, kaufen Sie den RAM
online, dort wo er billiger ist.

Sehen Sie wie das läuft? >All you can eat< gefällt Ihnen? Wirklich?

Zuvor haben wir darüber gesprochen, wie wichtig es ist, Managed Service sehr klar zu definieren. Sie, Ihre Angestellten und Ihre
Kunden müssen in diesem Punkt von genau denselben Voraussetzungen ausgehen. Was ist gedeckt und was nicht? Ein bisschen was
muss *ungedeckt* bleiben.

Uns gefällt besonders die >Add-Move-Change<-Regel. Adds,
Moves und Changes sind nicht gedeckt. Sobald A-M-C jedoch
abgeschlossen sind, ist die Wartung gedeckt.

Es gibt mit Sicherheit noch Millionen anderer Tipps, wie man profitabel arbeitet. Wir haben die wichtigsten jedoch genannt.

Der Schlüssel ist: Seien Sie sich Ihrer Profitabilität *bewusst*. Kennen Sie Ihre Buchhaltung genau. Wahrscheinlich sind Sie in diesem
Geschäft gelandet, weil Sie Technologie mögen und nicht, weil Sie
sich mit Budgetsummen herumschlagen wollen. Aber es ist Ihr Job,
profitabel zu sein – oder suchen Sie sich einen anderen Beruf.

Das sollten Sie sich merken:

1. Warum sind Sie nicht einzigartig?

   _____

2. Was ist der beste Weg, um Verwirrung darüber zu vermeiden, was ein MSA abdeckt?

   _____

3. Warum ist es so wichtig, >AYCE< zu vermeiden?

   _____

Damit sollten Sie sich zusätzlich beschäftigen:

- Die "SOP Friday" -Serie in meinem Blog – www. SOPFriday.com
- Wie man Probleme mit dem Deckungsumfang vermeidet, siehe meine Kapitel in

  ○ *Project Management in Small Business* von Dana J Goulston und Karl W. Palachuk

  ○ *The SAN Primer for SMB* von Karl W. Palachuk

  ○ *The Network Migration Workbook* von Karl W. Palachuk und Manuel Palachuk

29. Noch eine abschließende Bemerkung: Richtig verstandenes Eigeninteresse

Sie mögen sich vielleicht fragen, warum ich gern möchte, dass Sie ein Managed Service Provider sind. Warum kümmert es mich, ob die Cyber Goober Kerle aus Pick´s Knuckle, Akansas, Managed Service vertreiben? Was hat KPEnterprises aus Sacramento, Kalifornien davon?

Alexis de Tocqueville prägt in seinem hervorragenden Buch *Democracy in America* den Ausdruck: >richtig verstandenes Eigeninteresse<.

Mein Hauptargument: Wir alle sind Teile einer Gemeinschaft und tragen zu einem Gesamteindruck bei und auf lange Sicht werden wir mehr dabei gewinnen.

Und was ist das >mehr<, das ich auf lange Sicht hinzugewinnen möchte? Das ist leicht zu beantworten: Ich möchte, dass unser Beruf professioneller wird. Ich möchte, dass die Kunden höhere Erwartungen an uns stellen (an alle von uns). Ich möchte, dass wir von uns selbst und anderen mehr erwarten.

Ich möchte, dass unsere gesamte Branche eine Stufe höher steigt. Ich möchte, dass wir alle höherwertigen Service anbieten.

Und, dass wir dementsprechend bezahlt werden.

Viele Leute prüfen den Reifendruck ihrer Autos selbst und füllen auch das Scheibenwischwasser auf. Trotzdem bezeichnen sie sich nicht als Mechaniker. Viele Leute reparieren sogar ihre Autos und helfen ihren Nachbarn dabei, wissen aber trotz allem, dass sie das nur hobbymäßig betreiben; sie wissen, sie sind keine Mechaniker.

Aber wenn es um Computer geht, betrachtet sich plötzlich jeder, der weiß, wie man einen Bildschirmschoner ändert, als Computer-Consultant.

Die Kunden kennen nicht den Unterschied zwischen einer $40 Firewall und einer $3000 Firewall. Das gehört auch nicht zu ihrem Job. Aber wenn ein >Consultant< den Unterschied nicht kennt, haben wir ein Problem.

Erinnern Sie sich an unseren Freund Tocqueville? Er schrieb an seinen Freund in Frankreich über den Vormarsch der Demokratie. Er kam zu der Schlussfolgerung: Sie kommt und wir können sie nicht aufhalten. Wenn du dagegen ankämpfst, wirst du verlieren. Aber wenn du sie auch nicht aufhalten kannst, so kannst du doch auf den Zug aufspringen und daran teilhaben – und mitbestimmen, wie Demokratie aussieht, wenn sie praktiziert wird.

Wir sitzen im selben Boot: Ich glaube, die Zukunft wird durch Professionalität bestimmt sein. Sie können dagegen ankämpfen, verlieren dann aber. Sie können es ignorieren und bleiben auf der Strecke. Oder Sie können daran teilhaben und mithelfen, die Zukunft Ihres gewählten Berufes zu gestalten.

Ich war noch niemals jemand, der gegen das Unausweichliche gekämpft hätte.

Dann gilt es zu wählen zwischen 1) auf eine sich entwickelnde Geschäftsumgebung zu reagieren oder 2) die sich entwickelnde Geschäftsumgebung zu beeinflussen. Ich ziehe das Letztere vor.

Wie war Ihr Monat?

Nun gut, viele Leute haben den Monat mit mir zusammen begonnen – auf der Spur des Managed Service. Ich habe Dutzende von E-Mails erhalten, von Leuten, die den Versuch wagen. Und ich habe mehrere Erfolgsgeschichten gehört.

Aber wo sind alle anderen?

Erinnern Sie sich an Lektion #1:

G O Y B

Get Off Your Butt. Bewegen Sie Ihren Hintern.

Hören Sie auf, sich herumzudrücken. Trödeln Sie nicht herum. Tun Sie es. Tun Sie es. Tun Sie es.

Falls Sie festhängen, schicken Sie mir eine Nachricht. Ich kann zwar nicht alle Ihre Probleme lösen, Ihnen aber gleichwohl eine Perspektive zeigen, Sie auf einige Quellen hinweisen und Sie anleiten.

Nein. Ich werde Ihnen kein Händchen halten.

Das Buch sollte zu Beginn eine schnelle Anleitung >Wie man´s macht< werden und hat sich in weit mehr verwandelt.

Falls Sie es bis jetzt noch nicht erraten haben, werde ich es Ihnen erklären: Ich glaube, die Sammlung von Geschäftsgebaren, Tools und Prozeduren, die wir >Managed Service< nennen, ist einfach eine Methode, über den neuen Weg zu reden, auf dem technische Beratung vertrieben werden wird.

Ich habe immer schon dafür plädiert, unseren Beruf professioneller zu gestalten.

Jeder muss irgendwo anfangen. Niemand beginnt mit 20 Jahren Berufserfahrung. Aber jeder hat auch das Recht, dort stehenzubleiben, wo immer er will. Das heißt, er kann aufhören, seine Professionalität zu steigern, seine Fähigkeiten zu verbessern und dort stehenbleiben, wo er es sich bequem gemacht hat.

An diesem Punkt haben Sie das letzte Kapitel geschafft. Das bedeutet gewiss, Sie sind einer der Menschen, die kein Interesse daran haben, an einem bestimmten Punkt zu verharren. Danke, dass Sie einer der Menschen sind, die unseren Beruf weiterentwickeln.

Ich fühle mich geehrt, mit Leuten wie Ihnen zu arbeiten. Für Leute wie Sie schreibe ich meine Bücher! Danke für Ihre Unterstützung. Ich wünsche Ihnen eine ungeheuer erfolgreiche Zukunft! Und vergessen Sie nicht, mir ein paar Zeilen zu schreiben.

- KarlP

- karlp@smallbizthoughts.com

Das sollten Sie sich merken:

1. Warum liegt es Karl am Herzen, dass Sie erfolgreich sind?

   _____

2. Was hat Alexis de Tocqueville mit Managed Service zu tun?

   _____

3. In diesem Kapitel wird behauptet, die Zukunft unseres Geschäfts sei die Zukunft von

   _____

Damit sollten Sie sich zusätzlich beschäftigen:

- *Democracy in America* von Alexis de Tocqueville

Weitere großartige Bücher, die auf den ersten Blick nichts mit Managed Service zu tun zu haben scheinen:

- *The Art of War* von Sun Tzu
- *The Greatest Secret in the World* von Og Mandino

Anhang A: Abkürzungsverzeichnis

ACH   Automated Clearing House. Ein elektronisches Netz-
       werk für den Transfer von Geldmitteln zwischen
       Finanzinstituten.

AMC   Add, Move, Change. Siehe auch MAC.

ASCII Die ASCII Gruppe. www.ascii.com

AYCE   All You Can Eat

BYOD   Bring Your Own Device

CALs   Client Access Licenses

COGS   Cost of Goods Sold

Colo   Colocation facility oder data center – Rechenzent-
       rum

CompTIA Computing Technology Industry Association
         www.comptia.org

GLB   Great Little Book Publishing Co., Inc. Das habe ich
       einfach mal mit auf die Liste gesetzt, um zu sehen, ob
       es jemand liest.

HaaS   Hardware as a Service

LOB   Line of Business-Applikation

MAC   Move, Add, Change. Siehe auch A-M-C.

MDM   Mobile Device Management

MSP   Managed Service Provider

MSPU   Managed Services Provider University

OEM   Original Equipment Manufacturer

PSA	Professional Services Automation
RAM	Random Access Memory
RDS	Remote Desktop Services
RMM	Remote Monitoring and Management
RDP	Remote Desktop Protocol
RWW RWA	Remote Web Workplace (Die neuere Version ist Remote Web Access)
SaaS	Software as a Service. Aber da diese Abkürzung nur in diesem Anhang auftaucht, brauchen Sie sie sich nicht zu merken.
SMB	Small and Medium Business
SBS	Small Business Server
UPS	Uninterruptible Power Supply
VOIP	Voice Over IP

Anhang B: Erwähnte Produkte und Quellen

In diesem Buch werden verschiedenste Produkte erwähnt, was nicht bedeutet, dass ich für diese werben will. Ich präsentiere die Welt lediglich so, wie ich sie sehe. Ich nehme an, Sie nehmen diese Information, mischen Sie mit Ihren eigenen Erfahrungen, schauen, wie sie in Ihr Geschäftsmodell passt und treffen daraufhin Ihre eigene Entscheidung.

Gleichwohl scheint es unsinnig, Produkte und Personen zu erwähnen, aber keine Kontaktinformationen zu liefern. Daher füge ich sie hier in alphabetischer Ordnung an:

Amazon Web Services
aws.amazon.com

AppRiver
www.AppRiver.com

Die ASCII Gruppe
www.ASCII.com

Atchison, Laura Steward – Autorin
  • Buch *What Would a Wise Woman Do?*

Autotask
www.Autotask.com

Axcient
www.Axcient.com

Azure (Microsoft)
www.WindowsAzure.com

Benson, Herbert and Miriam Z. Klipper – Autoren
  • Buch *The Relaxation Response*

Blanchard, Kenneth and Spencer Johnson – Autoren
  • Buch *The One Minute Manager*

Brantley Jeffrey u. a. – Autoren
- Buch *Five Good Minutes: 100 Morning Practices To Help You Stay Calm & Focused All Day Long*

Business Works
http://www.sage.com/us/sage-businessworks

Canfield, Jack, Leslie Hewitt, Mark Victor Hansen – Autoren
- Buch *The Power of Focus*

Channel MSP
www.channelmsp.com

CompTIA – Computing Technology Industry Association
www.comptia.org

ConnectWise
www.connectwise.com

Continuum RMM
www.continuum.net

Covey, Stephen R., A. Roger Merrill, and Rebecca R. Merrill – Autoren
- Buch *First Things First*

Datto
www.Datto.com

Dell
www.Dell.com

DreamHost web hosting
www.DreamHost.com

DropBox
www.DropBox.com

eFolder
www.eFolder.net

Elance.com
Siehe www.Upwork.com

Entrepreneur Magazine: Starting a Business
https://www.entrepreneur.com/topic/starting-a-business

Experts Exchange
www.experts-exchange.com

Gee, Jeff and Val – Autoren
- Buch *Super Service: Seven Keys to Delivering Great Customer Service...Even When You Don't Feel Like It!...Even When They Don't Deserve It!*

Gerber, Michael – Autor
- Buch *The E-Myth Revisited*

Godin, Seth – Autor
- Buch *The Dip* von Seth Godin: http://sethgodin.typepad. com

Dana J Goulston, PMP and Karl W. Palachuk – Autoren
- *Project Management in Small Business – How to Deliver Successful, Profitable Projects on Time with Your Small Business Clients*

Great Little Book
www.GreatLittleBook.com

HFNetCheck (Pro)
www.shavlik.com (gehört jetzt VMWare)

HP Enterprise
www.hpe.com

Intermedia
www. Intermedia.net

International Virtual Assistants Association
www.ivaa.org

JungleDisk
www.jungledisk.com

Kaseya
www.kaseya.com

LogicNow
Siehe SolarWinds MSP

Makowicz, Matt – Autor
- Buch *A Guide to SELLING Managed Services.*
- Buch *A Guide to MARKETING Managed Services.*

Managed Services in a Month
www.ManagedServicesInaMonth.com

Managed Services Provider University (MSPU)
See SPC International

Managed Services Yahoo Group
http://groups.yahoo.com/group/SMBManagedServices/

Mandino, Og – Autor
- Buch The Greatest Secret in the World

Microsoft "TechCenters" für IT Produkte & Technologien
https://technet.microsoft.com/en-us/bb421517.aspx

MSPMentor
www.MSPMentor.net

Office 365
www.office.com

Network Detective
www.rapidfiretools.com

Overnight Prints – Digital Printer
www.overnightprints.com

Palachuk, Karl – Autor
- Buch *The Network Documentation Workbook.*
- Buch *The Network Migration Workbook* von Karl W. Palachuk und Manuel Palachuk
- Buch *Relax Focus Succeed*
- Buch *Service Agreements for SMB Consultants: A Quick-Start Guide to Managed Service*

PeachTree (jetzt Sage-50)
http://www.sage.com/us/sage-50-accounting

PassPortal
www.passportalmsp.com

PeachTree (jetzt Sage-50)
http://www.sage.com/us/sage-50-accounting

QuickBooks (Intuit)
http://quickbooks.intuit.com

Quosal
www.quosal.com

Quotewerks – Quotewerks.com
www.quotewerks.com

Rackspace
www.rackspace.com

Reddit MSP Discussion
www.reddit.com/r/msp

Reflexion Spam Filter (jetzt Teil von Sophos)
www.Reflexion.net oder www.Sophos.com

Rent Manager
www.rentmanager.com

Roberts, Wess – Autor
- Buch *Leadership Secrets of Attila The Hun*

Robins, Robin – Marketing Consultant
Siehe *Technology Marketing Toolkit*

Rose, Richard C. und Echo Montgomery Garrett – Autoren
- Buch *How to Make a Buck and Still Be a Decent Human Being*

Salesforce.com
www. Salesforce.com

ServersAlive
www.woodstone.nu/salive

SharePoint
www.office.com

Simpson, Erick – Autor
- Buch *The Guide to a Successful Managed Services Practice.*
- Buch *The Best IT Sales & Marketing Book Ever!*

Small Biz Thoughts
www.SmallBizThoughts.com
blog.SmallBizThoughts.com

Smartpress.com – Digital Printer
www.smartpress.com

SMB Books
www.SMBBooks.com

SMB Nation
www.SMBNation.com
- Web site, newsletter, and conferences.

SolarWinds MSP
www.SolarWindsMSP.com

SOP Friday blog posts
www.SOPFriday.com

SPC International
(vormals Managed Services Provider University)
www. spc-intl.com

Spiceworks
www.spiceworks.com

Stratten, Scott – Autor
- Buch *Unmarketing: Stop Marketing, Start Engaging*

Technology Marketing Toolkit
www.technologymarketingtoolkit.com

TigerPaw
www.tigerpaw.com

de Tocqueville, Alexis – Autor
- Buch *Democracy in America*

Tracy, Brian – Autor
- Buch *The 100 Absolutely Unbreakable Laws of Business Success*
- Buch *Focal Point: A Proven System to Simplify Your Life, Double Your Productivity, and Achieve All Your Goals*

Tzu, Sun – Autor
- Buch *The Art of War*

UPrinting – Digital Printer
www.uprinting.com

Upwork (vormals Odesk und Elance)
www.upwork.com

US Small Business Administration:
Thinking of Starting a Business?
https://www.sba.gov/starting-business/how-start-business

Vanderkam, Laura – Autor
- Buch *What the Most Successful People Do Before Breakfast*

Weiss, Alan – Autor
- Buch *Million Dollar Consulting*

Windows Servers Information
www.microsoft.com/servers/en/us/default.aspx

Windows Server 2016 (alle Editionen)
https://www.microsoft.com/en-us/cloud-platform/windows-server-2016

Yahoo Group – Managed Services
http://groups.yahoo.com/group/SMBManagedServices/

Yardi Voyager
www.yardi.com

YouTube
www.YouTube.com

Halten Sie Kontakt zu Karl

Karl W. Palachuk ist der Autor von sechzehn Büchern, einschließlich *The Network Documentation Workbook, Service Agreements for SMB Consultants* und *The Managed Services Operations Manual.* Sein erstes und beliebtestes nicht technisches Buch ist *Relax Focus Succeed: A Guide to Balancing Your Personal and Professional Lives and Being More Successful with Both.*

Technischer Berater

Als Senior Systemingenieur von Small Bizz Thoughts vertreibt Karl technischen Support an kleine und mittelständische Unternehmen in Nordamerika. In dieser Rolle bietet Karl Business-Consulting-Services und CEO-level Training auf technischen Gebieten an. Er managt Projekte und liebt es, mit cooler Technologie zu arbeiten.

Professioneller Trainer

In seiner Eigenschaft als Autor, Trainer, Coach und Blogger ist Karl quer durch Europa gereist, um technische Berater zu trainieren. Seine Themen reichen von Network-Documentation zu Managed Service, bewährten Geschäftsmodellen und sogar Einstellungspraktiken. Karl war praktischer Ausbilder bei Microsoft für das Small-Business-Specialist-Programm.

Um Näheres über Great Little Book Websites, Blogs, Newsletter und andere Informationen zu erfahren, beginnen Sie bei

www.SmallBizThoughts.com

Sonstiges

Tragen Sie sich in Karls E-Mail-Verteilerliste ein!

www.SMBBooks.com

Sie werden über bevorstehende Events, Seminare, Neuigkeiten und >Was geht ab?< in der Welt der SMB-Consultants informiert. Sehr geringer Umfang. Lediglich eine E-Mail pro Woche und weitere zehn über das Jahr verteilt.

Motivationstrainer – Relax Focus Succeed

Inzwischen ist Karl auch in der Welt des *Relax Focus Succeed* zum Autor, Newsletterverfasser und Trainer avanciert. Das Ziel von RFS besteht darin, zu lernen, wie man sein persönliches und berufliches Leben ins Gleichgewicht bringt und in beiden erfolgreicher wird.

Für mehr Informationen über Relax Focus Succeed-Websites, Blogs, Newsletter und andere Informationen gehen Sie zu

www.relaxfocussucceed.com

Redner

Falls Sie Interesse daran haben, Karl Ihrer Gruppe zu präsentieren oder ihn als Trainer in Ihr Büro kommen zu lassen, kontaktieren Sie ihn bitte unter:

Karl W. Palachuk

Great Little Book Publishing Co., Inc.

E-Mail: karlp@smallbizthoughts.com

Mehr großartige Bücher zum Thema Managed Services

Mehr Informationen auf www.smbbooks.com.

Service Agreements for SMB Consultants
A Quick-Start Guide to Managed Service
von Karl W. Palachuk

Dieser preisgekrönte Bestseller bietet viel mehr als nur Musterverträge. Am Anfang untersucht Karl, wie Sie ihr Unternehmen führen sollten und welche Kunden für Sie richtig wären. Die Kombination dieser bestimmenden Elemente – Ihr Unternehmen und Ihre Kunden – ist die Basis für Ihre Musterverträge.

The Managed Services Operations Manual – 4 Bände.
von Karl W. Palachuk

Standard Operating Procedures for Computer Consultants and Managed Service Providers

Jeder Computerfachmann, jeder Managed Service Dienstleister, jeder Unternehmensberater – jedes erfolgreiche Unternehmen – braucht SOPs (Standard-Betriebsverfahren)! Wenn Sie Ihre Prozesse und Verfahren dokumentieren, entwickeln Sie eine Vorgehensweise, welche Ihr Unternehmen zu wiederholbarem Erfolg führt.

Die Feinabstimmung dieser Prozesse führt zu mehr Erfolg, mehr Effizienz und mehr Profit.

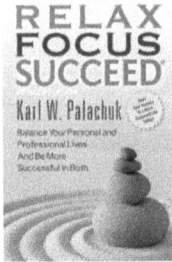

Relax Focus Succeed®
Balance Your Personal and Professional Lives
and Become More Successful in Both
von Karl W. Palachuk

Die Hauptprämisse dieses Buches ist sowohl einfach als auch wirksam: Die grundlegenden Schlüssel zum Erfolg sind Fokus, harte Arbeit und Gleichgewicht. Der Rat, den wir bekommen, legt allzu oft den Wert auf Fokus und harte Arbeit und selten auf Gleichgewicht.

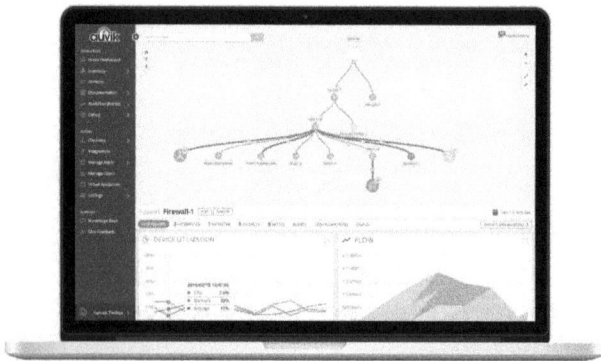

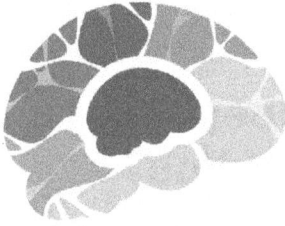

Internet Marketing For MSPs Made Easy
All These Services For One Low Monthly Price

- A New Website
- IT Focused Blog Content
- Social Media Updates
- Monthly Newsletter
- Email Marketing Tool
- Holiday Email Content
- Landing Page & Form Creation
- Live Website Analytics
- Hosting & Security Updates
- Done For You Website Changes

Get Started Marketing Your New MSP Services Now

Call Us | **Or Visit**

361-386-2049 | www.verticalaxion.com/kp

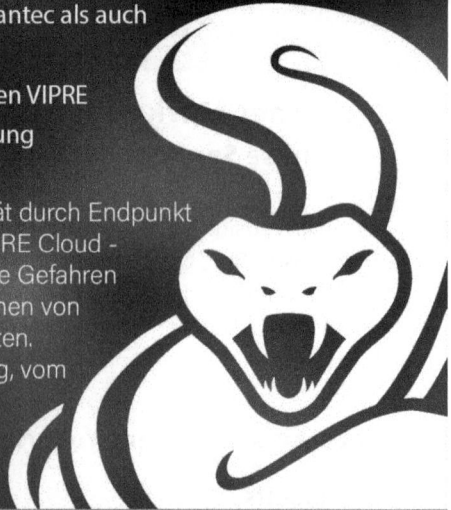

Milton Keynes UK
Ingram Content Group UK Ltd.
UKHW020835050624
443777UK00014B/444

9 781942 115526